KB270523

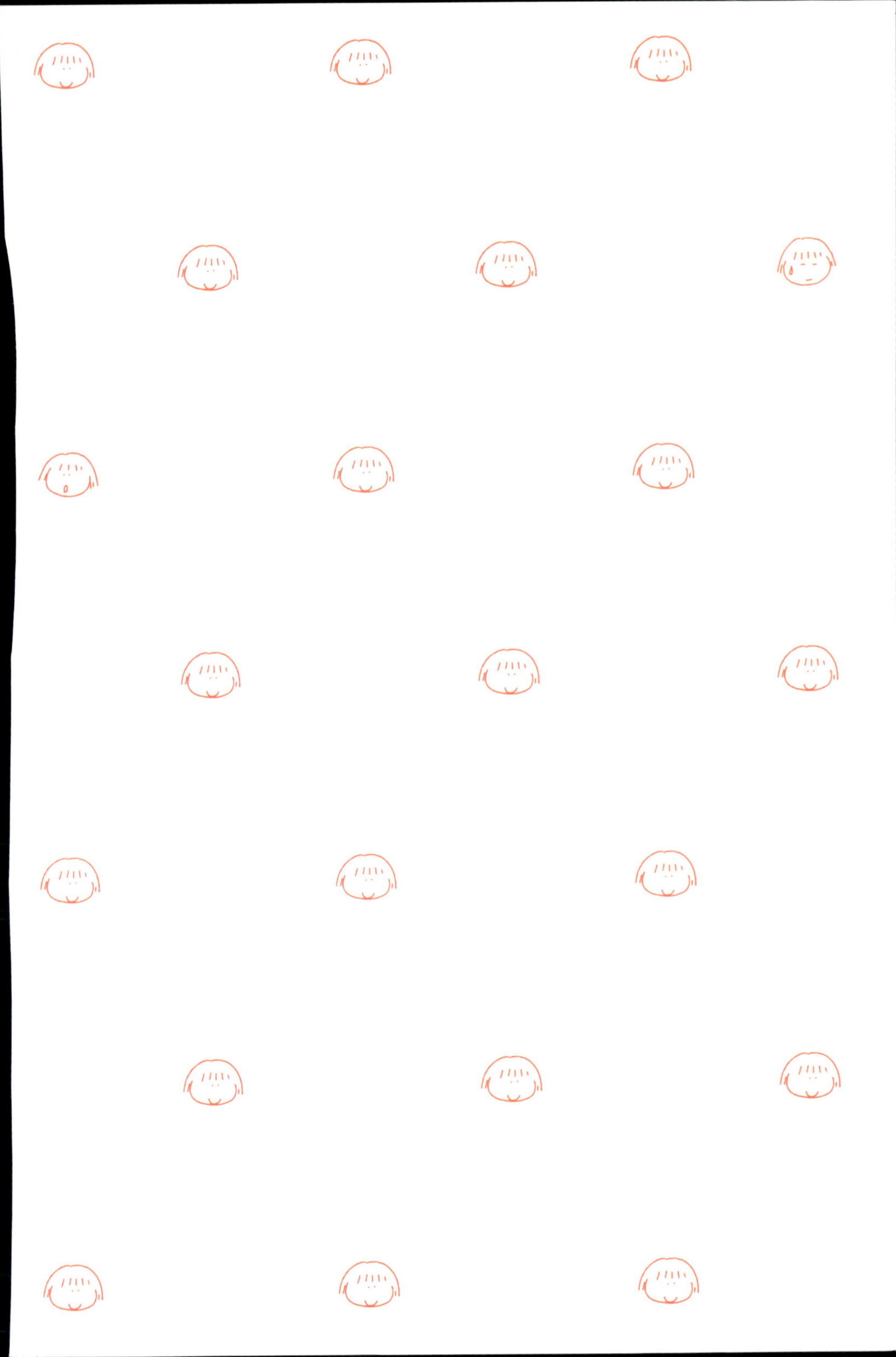

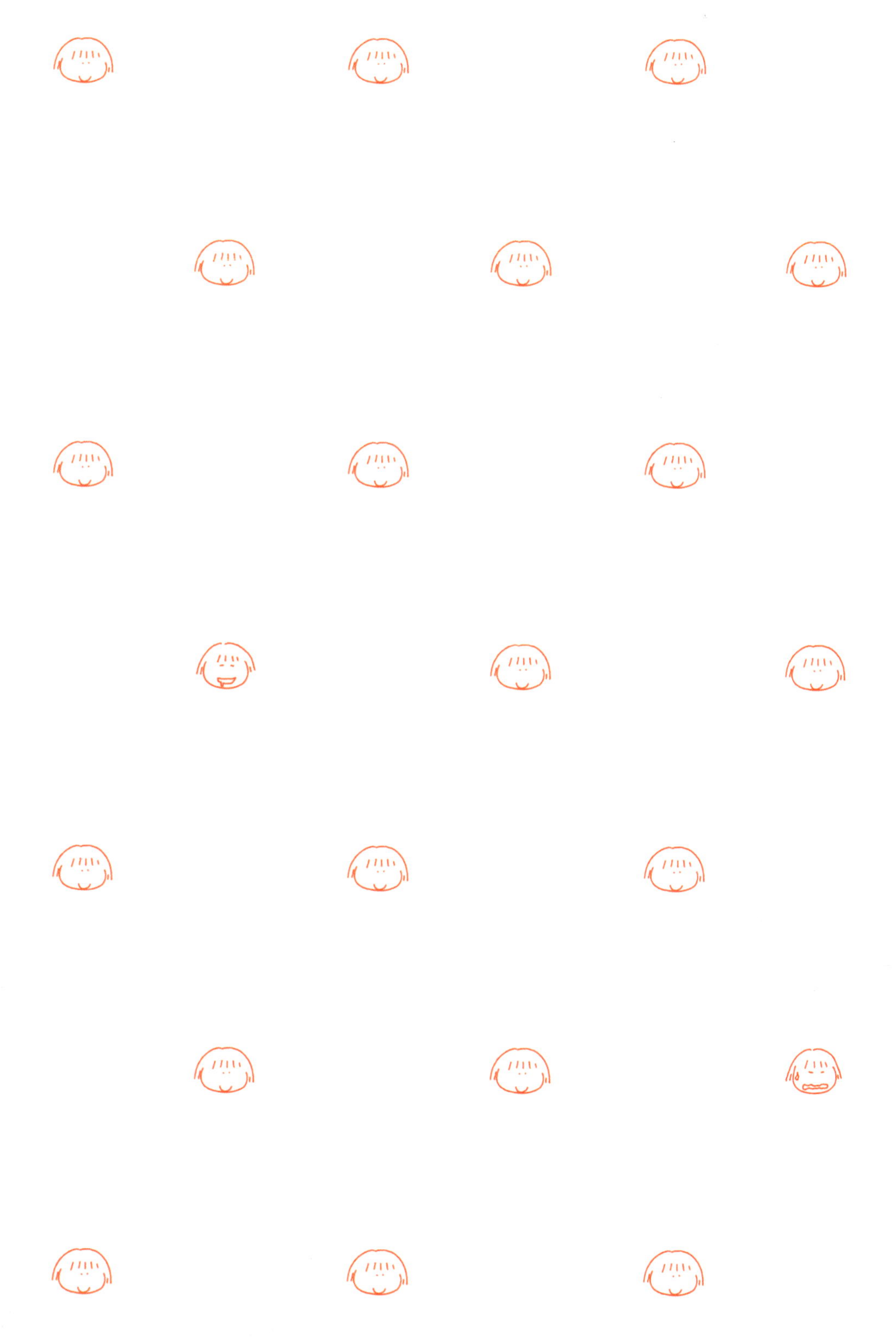

나홀로 여행 1

다카기 나오코 글·그림

나홀로

여행을

해보지

않을래요?

안녕하세요? 다카기 나오코입니다.

이번에 '나홀로 여행'이란 이름을 붙여,
1년 동안 여러 곳을 혼자 여행했습니다.
제목에서 알 수 있듯이 나홀로 여행은 완전 처음입니다.

'과연 나홀로 여행은 즐거울까?',
'나홀로 여행이 나에게 어울릴까?',
'나홀로 여행에서 배우는 것은 무엇일까?'

이런 생각을 하면서 자유롭게
내 맘대로 가고 싶은 곳에 가서,

떨기도 하고 더듬거리면서도
제 마음대로 행동해보았습니다.

그런 저의 두근거리는 나홀로 여행기입니다.
함께 즐겨 주세요.

그럼 출발!

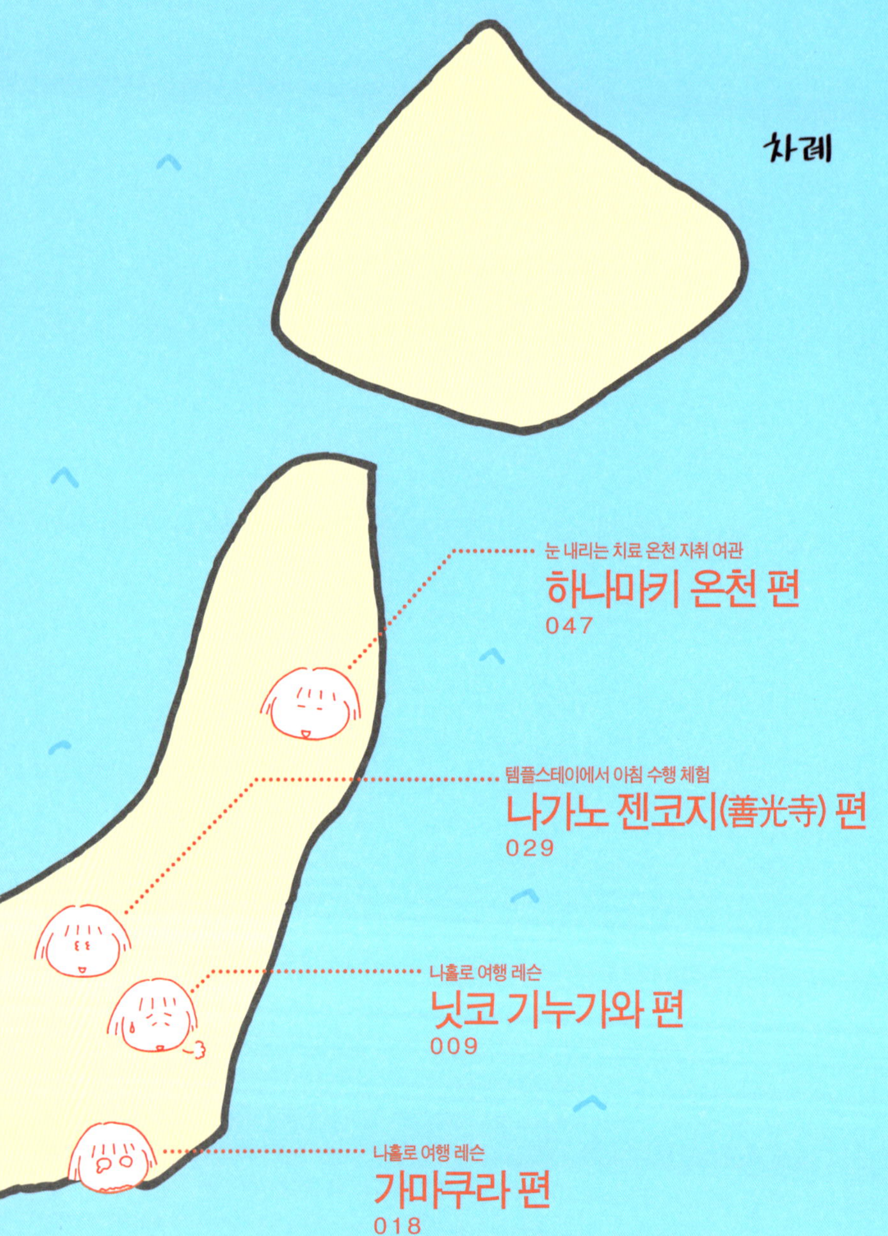

붕

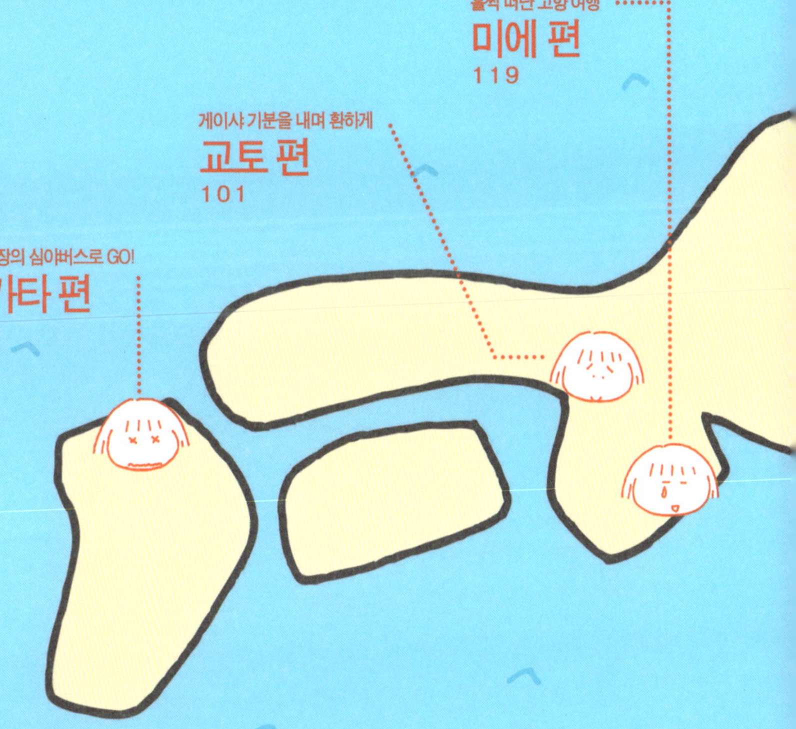

남쪽 지방에서 다이버에 도전!!
오키나와 편
083

훌쩍 떠난 고향 여행
미에 편
119

게이샤 기분을 내며 환하게
교토 편
101

일본 최장의 심야버스로 GO!
하카타 편
065

여행의 추억
사진관
134

기잉

나홀로 여행 레슨

닛코 기누가와 편

가마쿠라 편

*규슈(九州): 일본 열도를 이루는 4대 섬 가운데 가장 남쪽에 있는 섬.

*유바: 두유를 끓여 그 위에 생긴 얇은 막을 걷어 말린 식품. 두부껍질.

떨렁…
처음부터 혼자였던 것보다 두 배로 쓸쓸한 것 같은데…?
어… 어라?
안녕~!!
어제 떠들썩했던 만큼 혼자라는 사실이 가슴에 사무쳐요.
그것도 혼자!
GO!!
이곳 명물인 기누가와 강 계곡 타기
하지만 모처럼 처음 온 기누가와 온천.

하지만 이틀째 아침에 친구들과 헤어졌어요.
기누가와 온천역
바이 바이.
안녕~ 나홀로 여행 재밌게 해~!
응….

소프트 아이스크림
노부부
시끌 시끌
커플
단체
여자 친구들
까르르 까르르
접수
한 분이시죠~
힐끔
두근두근
역시 혼자서 온 사람은 없는 것 같네~.

메밀 우동
기누가와 강 계곡 타기 승선장
무사히 도착~
지도
아장 아장
계곡 타기 승선장은 기누가와 온천 역에서 도보로 약 5분 정도 되는 곳에 있었어요.

이런 얘기들을 했을텐데…
이게 〈타이타닉〉 땐가?
와~ 디카프리오도 왔었네?
젊었네~.
이런 것도 어제였다면…
…그런 생각.

레오나르도 디카프리오가 계곡 타기를 타셨어요☆
매기
와~ 디카프리오가….
승선 시간 까지는 잠시 대기.

그 남자에게
갑자기 친근감이
솟구쳐 오르네….

배를
타실 분들은
선착장으로
가세요~

허허.

이거
좋구만.

계곡 타기

산 간
600엔

계곡 타기
계곡 타기

기념품

들어갔다!!

행운을
시험해보는
고리
던지기

무척
신 났었죠.

네 개를 던져서
한 개라도 들어가면
운이 좋은 것.

그러고 보니
어제
도쿄구 근처의
후타라산 신사라는
곳에서
고리 던지기를
했는데…

어떤 남자가
혼자서 묵묵히
고리를 던지고
있었어요.

훅

…

아….

하지만
그 후에
문득
뒤돌아
보니까…

(게다가
안 들어갔음.)

기분이
조금
가라
앉았
어요.

엄마,
조심해~

그랬더니 신기하게도

끙차

마음만은 모녀 여행

나이도 딱
울엄마랑 비슷.

영차~
영차~

점점 무서워진
저는 바로 앞에
걸어가는 사람을
우리 엄마라고
생각하기로
했어요.

왠지
두근두근
한데….

줄 줄 이

선착장
까지는
긴 계단을
내려가야
해요.

훈훈~

고맙
습니다.

엄마…

신발은
비닐봉지에 넣어
배에 타세요~!

어머나,
두 장이나
뜯었네!!

자,
하나는
아가씨
줄게♡

호호호

핵

북
북

비닐
봉지

저건
고릴라
바위이고—.
이건
블록놀이
바위—.
저건
임산부 바위—.
배?
머리?
우와
진짜 고릴라랑 같다—
와
하
낄낄낄—
조
용

약 40분 동안
선장님이
여러 가지로
가이드를
해 주세요.
그리고
드디어
계곡 타기
시작.
자,
그럼
출발하겠습니다.
파도 타기
엄마
나
물을 막는 비닐

아무
상관없다는
느낌이
들었어요.
대자연의
아름다운 풍경을
보고 있으니
혼자라는 쓸쓸함
같은 것은
짹
짹
낄랑
낄랑
반짝
반짝
철
썩
우후후…

옆의
열렬한
커플 때문에
조금 거북
했지만…
선남선녀
외국인
무릎에 앉음
엄마

혼자이지만
열심히
브이를
했어요.
중간에
기념사진도
찍어 줘요.
한가로운
분위기가 무척
즐거웠답니다.
나
기누가와 계곡 타기
한 장에 1,000엔

우쓰노미야로 갔어요.
어디 만두집이 맛있을까나…
…그래서 급하게
하지만 가이드북이 없어서 우쓰노미야의 정보를 잘 모르겠어.
만두 말고도 뭔가 구경할 곳이 없을까?
만두
닛코
덜컹 덜컹
현청 소재지라는 것과 TM 네트워크의 우쓰노미야 씨밖에 생각 안 나…
의지할 것이라곤 호텔에서 받은 '우쓰노미야 만두 지도' 뿐.
*TM 네트워크(TM Network): 일본의 록 그룹으로, 우쓰노미야 다카시가 보컬이다.

그랬던 계곡 타기도 끝나고…
응
다음은 닛코 에도 마을? 도부 월드스퀘어?
하지만 혼자서 테마파크에 가는 것도 좀…
가이드 북 닛코 기누가와
도치기 현이라고 하면 사실 전부터 우쓰노미야에 만두를 먹으러 가고 싶었어요.
동경하는…
만두 왕좋아!!
우쓰노미야 만두 ♥
*도치기 현(栃木県): 닛코를 포함한 일본 간토(関東) 지방 북부의 현.

먼저 유명한 가게인 듯한 '밍밍'으로.
밍 밍
만 두 전 문
화악~
혼자 들어가려니까 두근거리네.
두근 두근

기누가와 온천 ——— 우쓰노미야
(도부센)
도부 우쓰노미야
엄청 멀었어…
왔구나— 최초의 우쓰노미야!
그리고 약 두 시간이 걸려 우쓰노미야에 도착함.
나중에 알았는데, 기누가와 온천 +++ (도부센) +++ 시모이마치 --- (도부) --- 이마이치 === (JR) === 우쓰노미야의 이 루트로 가면 한 시간 정도에 도착할 수 있다고 함… ♪

메뉴는 이것뿐
물 만두 220엔
튀긴 만두 220엔
군 만두 220엔
라이스 100엔
맥주 400엔
어서 오세요~.
오래된 가게 느낌이 좋음
그랬는데 가게가 완전히 제 취향이었어요.
맛있어!
혼자서도 들어가기 쉬운 분위기
만두에 어울리는 맥주로 개발된 '만두 낭만'이라는 지역 맥주로, 혼자 먹기에 좋은 작은 사이즈예요.
지역 맥주

생각 없이 걷다 보니
마침 후타아라야마
신사라는 곳을
발견했는데…
후타아라야마 신사
고리 던지기를
한 신사랑
이름이
똑같네…
여연인가?
어라?
그곳에서
만두 필승을
기원함.
만나게
해 주세요…!!
다음에도
맛있는
만두를
짝
짝

감사합니다~
멍
멍
이 머나먼
우쓰노미야까지
오길 정말
잘했다….
살짝 취함
하아~
좋은
가게였어….
핑
도쿄에도 이 가게가
있으면 좋을 텐데~!!
쿵
쿵

저는
마사시네
만두를 좋아
하거든요♡
음~
유명한
가게는
밍밍인데…
남친 이름?
마…
마사시…?

하고
물어
봤더니,
전 우쓰노미야에
처음 왔거든요~.
저기,
우쓰노미야에서
가장
추천할 만한
만두 가게는
어딘가요?
그 후에
어쩌다 들어간
헌옷 가게
언니가
사람 좋아
보이길래…
USED
조금 샀음

군
만
두
물
만
두
냉
동
생
만
두
메뉴는
달랑
이거
1인분
160엔
1인분
170엔
1인분
170엔
이 가게에서
제일 처음
놀란 것은
만두 가격.
말도 안 돼…
싸다!!

만두
전문점
마사시
…그리하여
가게를
가르쳐
주기에
가 봤어요.
'마사시'가
가게
이름이구나~.

음식 값이 너무 싸서 왠지 민망했어요….
170엔 입니다~.
철~
짤랑 짤랑
딸랑 한 접시 먹어서 죄송해요~.

이곳 만두도 무척 맛있었지만…
맛있쪄~♡
좋아 좋아~
'밍밍'보다도 채소가 많아서 산뜻한 느낌

이런 식으로 시켰어요.
군벳, 물 둘~!
← 군만두 4 물만두 2
중간에 온 학생인 듯한 남자 두 명은…
저게 우쓰노미야 남자 스타일의 식사인가?!
하지만 혼자서 세 접시를 먹어도 싸네~

그 뒤로 조금 시간이 지난 후 다시 가 봤지만 역시 손님이 한 명도 없어서…
어쩌지? 어차피 조금밖에 못 먹는데 혼자서 들어가기가 좀 그래…
전봇대에 붙으며
몰래~

어쩐지 들어가기가 좀 그래서…
영업중
그리고 그 뒤에 또 한 군데 궁금한 만두집에 갔지만…
어, 어라? 손님이 하나도 없네.
드르륵
가게 종업원이 혼자서 묵묵히 만두를 빚고 있음

어쩐지 살짝 마음에 걸리는 부분이 남았던, 첫 나홀로 여행 (2일째만) 이었습니다.
덜컹… 덜컹…
거기까지 갔는데….
무척 맛있는 만두였을지도 몰라….
용기를 내서 들어가 볼 걸 그랬나?
결국 그 가게에는 들어가지 못했어요.

닛코 기누가와 정리

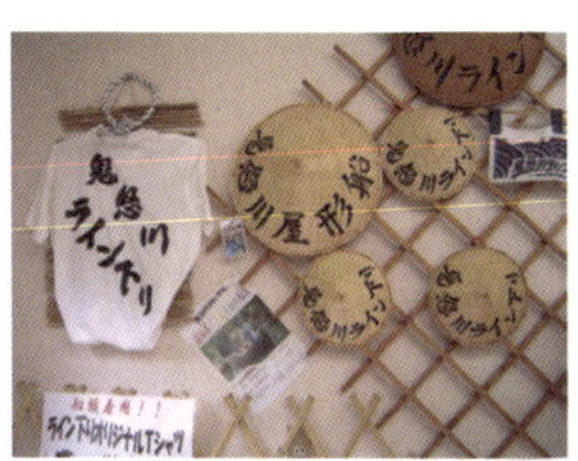

멋들어진
기념상품들.

밍밍 본점.
이 근처에 마사시도 있음.

이|틀째에만 나홀로 행동했던 닛코 기누가와 편은 아직 혼자서 관광하는 것이 익숙하지 않아서 '저 사람 혼자 관광하고 있나 봐~.'하고 사람들이 생각할까 봐 신경이 쓰였어요. '신경 쓸 거 없어~.'라고 생각하면서도 저도 모르게 두리번거리고 진정이 되질 않더라고요.

우쓰노미야의 만두는 그 뒤에 다시 혼자 먹으러 갔어요. 하지만 토요일 밤에 갔기 때문인지 '밍밍'도, '마사시'도, 기다리는 줄이 무척 길어서 못 들어갔죠. 손님이 아무도 없어서 못 들어갔던 가게에도 줄이 길어서, 시간이 없어서 포기했어요. 역시 그때 들어갈 걸.

'같이 온
엄마'였던 분.

정말로 눈 깜짝할 사이에 도착했어요.

도쿄에서 가면 전철로 약 한 시간.

가깝기도 하고 여유 있다고 생각했더니만…

드디어 이번에는 처음부터 혼자서 출발! 목적지는 여자들에게 무척 인기 있는…

이곳은 늘 줄을 설 정도로 인기 있는 가게라는데, 보들보들한 계란말이가 입에서 살살 녹는 것 같았어요.

먼저 가이드북을 보고 가고 싶었던 계란말이 가게 '오자와' 라는 곳으로 갔어요.

하지만 이런 관광명소 비슷한 가게에서 혼자 먹는 게 좀 마음이 진정되질 않았어요.

이런저런 쓸데없는 생각을 하느라 전혀 계란말이에 집중을 하지 못하고.

그 후엔 작은 읍내를 어슬렁어슬렁 돌아다니면서 쓰루가오카하치만궁 (鶴岡八幡宮)으로 갔어요.

이렇게 되어 오후 3시쯤 일찌감치 호텔에 체크인.

혼자인 손님도 환영하며 숙박만 제공하는 싼 호텔.

하지만 약 3시간 후…

*에노덴(江ノ電): 가마쿠라 해안가를 달리는 에노시마 전철.

한가롭게
해변을 걸어
보기로 했지요.
하지만
해질 무렵의
해변은
기분이
좋아서…
쏴아
서퍼-

지도를 보는 게 귀찮아서
대충 걸어갔는데…
뭐 그냥 쭉 가면 되겠지.
악, 바람이 너무 세!!
쿠라 가마
파닥 파닥
휘어잉

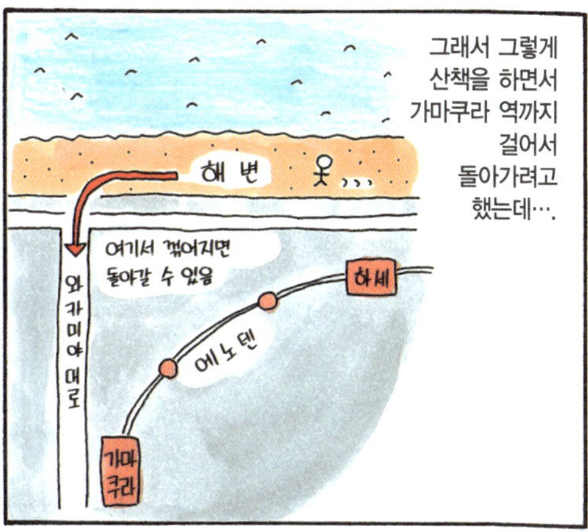
그래서 그렇게
산책을 하면서
가마쿠라 역까지
걸어서
돌아가려고
했는데…
해 변
여기서 꺾어지면
돌아갈 수 없음
와카미야메로
에노덴
하세
가마쿠라

마을 안을
가로질러
돌아가기로
했어요.
헉
철 ─── 썩…

게다가
어두워진
해안은
조금
무서워서…
철썩
깡패가
나오면
어쩌지~
오싹

조금만
더 가면
즈시 시
(逗子市)
정신을
차려보니
꺾어져야
하는 길을
제대로
지나쳤어요.
여기
꺾어지는
길을
못 봤어~
어라라?!
쿠라 가마
걱정이 돼서 들여다 봄

몇 분 후에
어이없이
길을 잃었어요.

어라?
이게 어디로
가는 거야?

하지만
이 동네는
길이 엄청
복잡
해서…

어디가
어디지…?

어라라?

이 근처엔
역도 없고….

걸어서
돌아갈
수밖에
없나?

터벅 터벅

버 스
가마쿠라 역 행
정 류 장

그랬는데
그때…

앗!!

아아아…

설마 가깝다고
안심했던
가마쿠라에서

조난을
당해?!

엄 마 아

어쩌지?
이미 어두워져서
지도도
못 보겠어….

말똥

가마쿠라에서 가장 오래됐다는
다키노탕

그렇게
엄청 흘린
땀을 씻으러
공중목욕탕에
가기로 했지요.

완전히 날이 저물었음

가마쿠라 역

버스를 타고
여차저차 해서
가마쿠라 역으로
다시 돌아왔어요.

으앙~
살았다ㅡ!

버스야,
고마워~

부웅

버 스

청
병
하~
좋다~♡

손님의
연령층도
상당히
높은 것
같았어요.
오래된
공중목욕탕이라는
느낌이 드는
이곳은
아
하
하

어머,
우산
안 갖고
왔수?
카운터
쏴~
아,
네…

갑자기
비가…
쏴
드르륵
앗!

몸도
마음도
산뜻해져서
돌아가려고
하는데…
후~
시원해~♡

이런 친절에
감동하면서,
비가 심하진
않은 것 같아
타월을
뒤집어쓰고
뛰어서
돌아왔어요.
쩌
엉
타 다 닥

우산
빌려
줄게요~.
아~
좀 걸어가야
하네…
어디까지
가는데요?
예?
하지만….
OX 호텔
이에요.

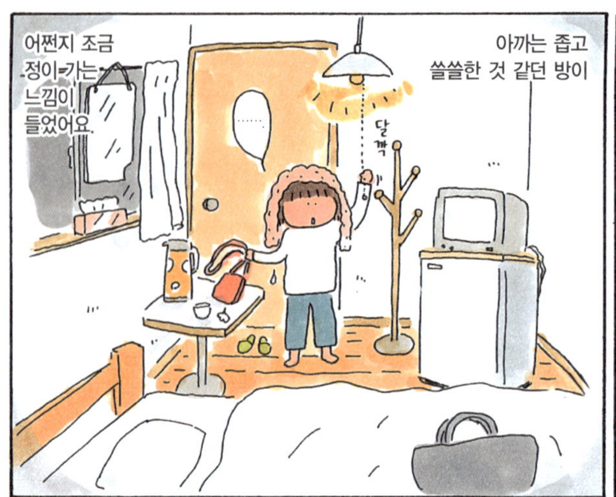

어쩐지 조금 정이 가는 느낌이 들었어요.
아까는 좁고 쓸쓸한 것 같던 방이
달깍
......
...

이러고 호텔 방에 돌아왔더니...
후~

맞아, 이 방은 상경해서 처음에 살았던 그 아파트 같아...
그 좁았던 원룸... 냉긋나네....

쏴~
옆에 있는 남자 샤워실 소리
뚝 뚝...
뎅굴 뎅굴
와 & &
윰
텔레비전
냉장고

가마쿠라는 어쩐지 옛날 생각이 나서 포근하고 상냥한 기분이 드는 그런 고장이었어요.
그리고 밤에는 기절.
드르렁~
피유~

가마쿠라 역

분위기가 좋은
목욕탕이었어요.

버스 님…
가마쿠라 역이라는 글씨에
눈물이 났어요.

처음으로 완전히 나홀로 여행을 했던 가마쿠라 편. 사실은 전날 밤엔 미리 조사도 하고 두근거려서 잠을 못 자, 수면 부족인 상태로 갔어요(그래서 졸린 거였죠).

게다가 무턱대고 돌아다녀서 지쳤던 탓에 이틀째엔 몸 상태가 나빠져서 금방 도쿄로 다시 도망쳐 왔어요. 사실은 에노시마에 가서 유명한 '멸치 덮밥'을 먹을 예정이었는데… 흑. 혼자이기 때문에 더더욱 몸 상태에 충분히 신경을 쓰며 무리하지 말고 행동해야겠다고 반성했습니다.

그 다음으론 모처럼 처음으로 혼자 숙박을 하는 건데 조금 더 좋은 호텔에 묵을 걸 그랬다는 생각도 했어요.

닛코

여행 메모

여기

머리 위?

감자는
고양이
머리 위

쓸쓸해 보였다고
한다.

두 친구와
헤어져서
혼자 계곡 타기를
하러 가는
나의
뒷모습은

친구들

photo

천 엔입니다.

한 장
주세요.

혼자서
계곡 타기를 하고
기념사진까지
사는 여자

졸겁긴
했지만~

역시 계곡 타기는
혼자서 하기엔
좀 안 어울릴지도.

나는
군만두밖에
안 먹었지만.

물만두를
먹는
수수께끼의
방식

국물에 직접 양념장(?)을 넣음.

맛있다!

언니 →

기념품으로
냉동 만두를 사왔다.

멍
멍

난 쓸쓸하지 않아요~

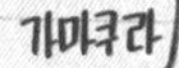

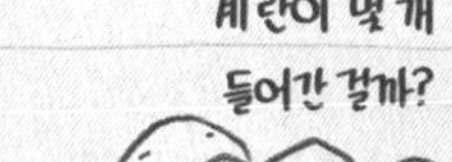

가게에 들어갈 때까지
4~5번이나 지나쳤다.

하고
생각하면서도
한 번
지나쳐 봐요.

앗,
여기다~.

미리 조사를
한 가게에
도착한 나.

지나치고….

그리고
다시
한번,

명물여관

잠시
상태를
살피고…

계속…

말똥~~

…

드디어
안에
들어가죠.

좋아어!!

'좋아어.'는→
무슨!

템플스테이에서

아침 수행 체험

나가노 젠코지 편

하지만 전 평소에
필요할 때에만
절이나 신사에 가서
신에게 부탁만 하는
불교도예요.
나무아미타불~
나무아미타불~
아아아~
부처님
꼭
도와주세요~~.
짤랑
(설날 참배 같은 건 하긴 하지만…)

이번
나홀로 여행은
나가노 현의
젠코지
(善光寺)
인데
템플스테이를
해보자~ ♥
편

템플 스테이 이미지
템플스테이를
조금 동경하면서도
나 따위가
절에 묵어도 될까
싶기도 하고….
폭포
수행
사찰요리
아기자기
좌선
헉
나무아미타불~
나무아미타불~
독경
영차 영차
헉
수행
괜찮을까나….

오 ♥
나가노
Nagano
후~
도착했다.
시끌
시끌
시끌

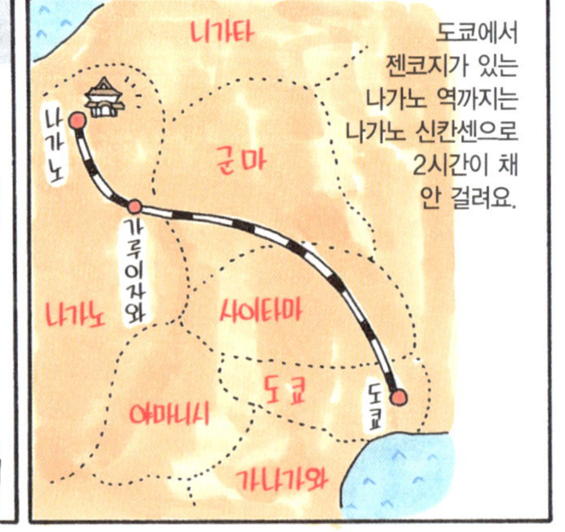
도쿄에서
젠코지가 있는
나가노 역까지는
나가노 신칸센으로
2시간이 채
안 걸려요.
니가타
나가노
군마
가루이자와
나가노
사이타마
도쿄
도쿄
야마나시
가나가와

나가노 역에 도착하자 맛있어 보이는 것들이 차례차례로 눈앞에 날아 들어와요.

*오야키: 만두와 찐빵 비슷하게 소를 넣은 일본의 전통 음식. *노자와나: 일본 채소 열무와 비슷하게 생긴 유채과의 식물.

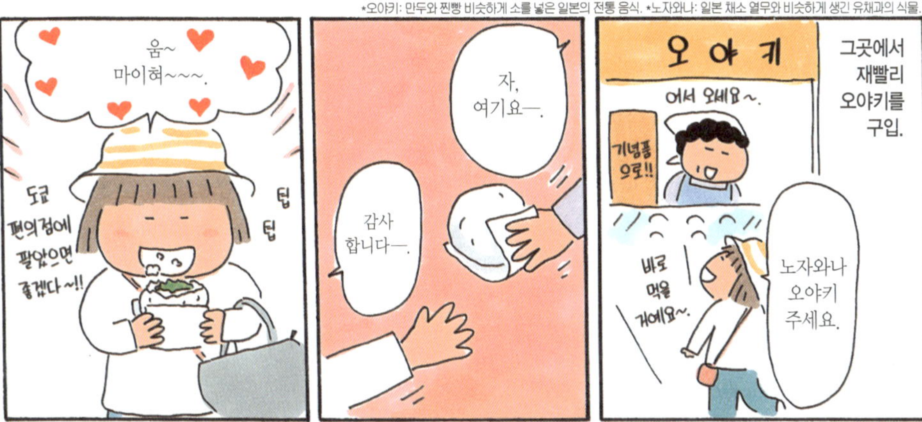

그곳에서 재빨리 오야키를 구입.

완전히 관광객 기분에 젖은 나머지 오야키를 먹으면서 젠코지까지 걸어가려고 했는데, 나가노 역 앞은 상당히 도회지라 먹으면서 걸어가려니 좀 부끄러웠어요….

*슈쿠보(宿房): 절에서 운영하는 외부인들의 숙소.

*하이쿠: 일본 특유의 짧은 시.

*슈마이: 중국식 찐만두.

*오차쓰케: 녹차 물에 밥을 말은 음식.

평상시엔 아침에 늦잠을 자는 생활을 하기 때문에 못 일어날까 봐 무척 불안했어요….
pm 10:00
빅 빅 빅
제대로 일어날 수 있을까?
음, 5시에 일어나면 괜찮으려나….
휴대폰에 알람 세팅
내일 아침 6시부터 젠코지에서 하는 '오아자시' 라고 부르는 수행에 참가하기 위해 일찌감치 취침하기로 했어요.

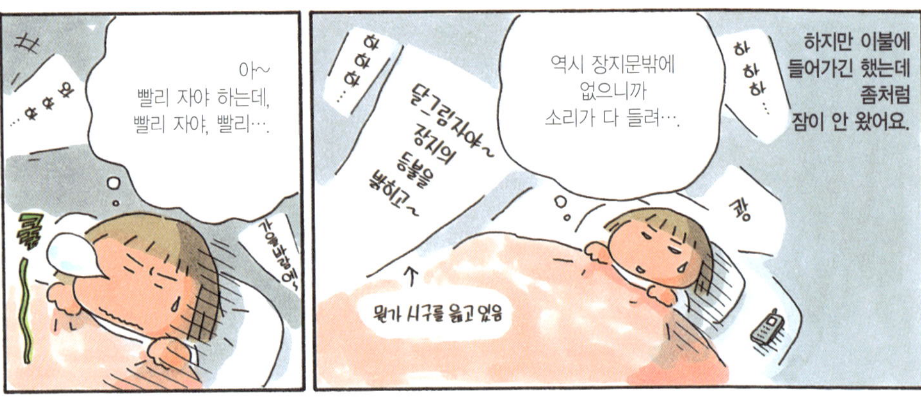

아~ 빨리 자야 하는데, 빨리 자야, 빨리….
쿨
역시 장지문밖에 없으니까 소리가 다 들려….
달그림자야~ 장지의 등불을 밝히고~
뭔가 시구를 읊고 있음
하지만 이불에 들어가긴 했는데 좀처럼 잠이 안 왔어요.

오, 안녕히 주무셨어요?
저분들 참 빨리 일어나시네….
걱정할 것도 없이 아침에 되니 주변이 소란스러워서 자연스럽게 눈이 떠졌어요.
하지만 아직 4시가 조금 넘었는데….

그리고 아침.

쨋
쨋
아침노을
일찍
일어나니
정말
상쾌하다―.
쏴아

이
불상은~
다른
슈쿠보
그룹
자~
이쪽
건물은~
도중에
여러 가지
설명을 해 줌
코노쿠보
슈쿠보에
계신 분이
'오아자시'를
안내해 줘요.
'하이쿠
모임' 분들
아,
예….
혼자서
오셨수~?

조금 있으니까
저쪽에서
빨간 우산과
함께
주지 스님이
다가와서…
쑥
쑥

라고
하는데…
여러분
한 줄로
서 주세요.
코노쿠보
?
그리고
문이 있는
곳까지
와서

영차
공덕을
받는다고
함
나무아미타불
나무아미타불
딱
무릎 꿇은
참배자들의 머리를
염주로 쓰다듬는
'염주 주기'라는
의식이
시작되었어요.

*에도 시대: 1603년 도쿠가와 이에야스(德川家康)가 에도(江戸)에 막부(幕府)를 연 때부터 1867년 도쿠가와 요시노부(德川慶喜)가 정권을 천황에게 돌려준 때까지의 시기.

계율의 단 돌기
입구
슈쿠보 사람
그럼 지금부터 이쪽으로 들어가겠습니다.
그 후에 본당에 있는 '계율의 단 돌기' 라는 걸 했어요.

나무아미타불~
나무아미타불~
나
이렇게 해서 독경도 끝나고…

여러분, 앞에 계신 분을 잡아 주세요—.
계율의 단 돌기 입구
갑니다—
둘둘
둘둘
줄
줄
줄
'계율의 단 돌기' 란 마루 밑에 있는 복도를 돌아 본존 밑에 걸린 '극락의 자물쇠'를 만지러 가는 건데…
그렇게 하면 본존불과 인연이 생겨서 극락왕생을 약속받는다고 하네요.

오른쪽입니다~.
오른쪽으로 꺾어요~.
여기, 여기요!
어라? 앞 사람이 어디갔지?
아~ 좀더 천천히요~.
뒤쪽 분들, 잘 오고 계세요~?
앗, 미안해요! 발을 밟았네요♪
안에 들어가니까 깜깜해서 상당히 무서웠어요.
이래서 연계 플레이로 서로 도와줘야 함.

그렇게
상당히
안쪽까지
들어가서,
…라는
말을 듣고…
자,
여기에 자물쇠가
있습니다―.
* 실제론 완전 깜깜
달각 달각

무사히
자물쇠를
만질 수가
있었어요.
아…
있다.
달각 달각
어두워서 보이지 않았기
때문에 상상으로 그린 그림

계율의 단 돌기는
혼자 들어갈 수도
있지만
전 무서워서
도저히
못하겠더라고요.
계율의
단 안에서는
소매치기에
주의!!
그런
신성한 곳에서
나쁜 짓을 하는
사람이 있을까?
어떤 의미로는
정말 강심장….
천벌을 받을지도….

짜잔
사찰요리
저녁식사에 이어 아침식사도
야호~

오아자시가
끝난 뒤에는
슈쿠보로
돌아가서
아침식사를
해요.
코노쿠보
배고파~.

껴
억
완전
웰빙이구만ㅡ.

진짜
맛있다~♡
일찍
일어나서
그런가?
한 그릇 더!

장지문을
그냥 열어두고
이 닦으러 감
열어둔
채로
옷
갈아입는
아저씨
이때쯤엔
슈쿠보의 분위기에
상당히 익숙해져서
다른 방과의 구분이
장지문뿐인 것도
그다지 신경 쓰지
않게 됐어요.

다시 혼자
젠코지에
가 봤어요.
구룩
전 수 당 권

코노콘보
이렇게 해서
슈쿠보를
뒤로 하고…
조심해서
가세요~
신비
많이
접습니다~

이걸 돌리면
일체경을
전부 읽은 것과
마찬가지로
공덕이 생긴대요.
이 안에 있는
린조(輪藏)라고 하는
팔각 서고는
팽이처럼
돌릴 수가 있는데
빙글
빙글

그리고
불교 경전 전부를
총망라한
일체경(대장경)이
보관되어 있다는
경장(經藏)이라는
곳에
가 보았어요.

시끌
시끌
헉~
헉~
응?

…하고
싶었지만
무거워서
꿈쩍도 하지
않았어요.
곧바로
저도 도전
으어ー

이렇게
어부지리….
빙글
빙글
빙글
빙글
아하하.
와ー!
아하하.
에헤헤…
그런데
타이밍 좋게
3인조가
나타나서,

조~용…
영차
영차
역시 나와
마찬가지로…
어,
어라?

휴~
어떻게든 돌려서
다행이야.
콩콩콩…
이런
이런
앗!

둘이서
하니까
그럭저럭
돌아감
영차
영차
끼익…
으어~
그렇게
돼서
도와
줬어요.

그거 저도
아까 해봤는데
혼자서는
안 돌아가요—.
저기
헉 헉
선배인 척

나무아미타불
젠코지
비디오
라이브러리
미니어처…
와—.
이곳에는
젠코지의
문에 서 있는
인왕상의
원형이라든지
여러 가지가
전시되어 있어요.

그리고 그 후에
사료관(史料館)에도
가 봤죠.

여기에서 제가
빠져든 것은
'백나한상(百羅漢像)'
이라고 하는
소박하고 개성적인
수많은 조각상이에요.

'이걸 만든
사람들은
분명히
좋은 사람일
거야~.'란
생각을 했어요.
에도 시대 말기에
일반 신자에게서
기증받은
조각상이라는데
너무나도
사랑스러워서
주르르
웃음
포인트 →
꺄하하하!
이 주변에 다른 손님들은 아무도 없었다

이렇게
젠코지 관광은
끝….
우물
우물
우물
우물
후—
재밌었어—.
오아기
감주

덧붙여 사료관을
나왔을 때에도
이상야릇한
오브제가….
이게
뭐야…?
요시코씨
히카루코씨

신슈산 사과
밤
신슈산 거봉
맞아,
친구한테 과일
사다 줘야지—♡
맛있을 거
같아!!

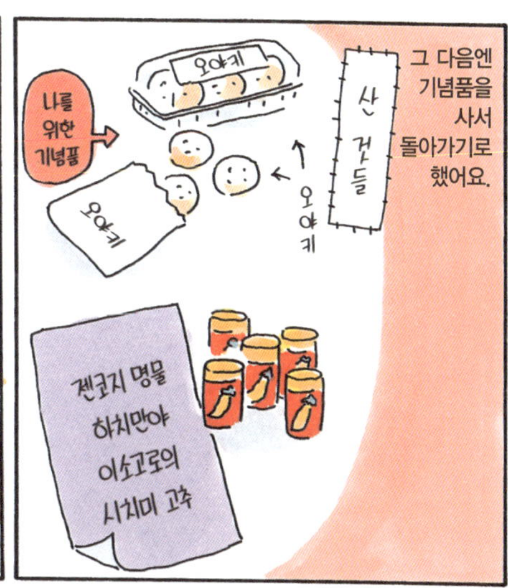
그 다음엔
기념품을
사서
돌아가기로
했어요.
오야키
나를
위한
기념품
오야키
오야키
산 것들
젠코지 명물
하치만야
이소고로의
시치미 고추

오기노야
가마솥밥
나와~♥
언니
헉,
언니가
가마솥밥도
부탁했지!!
오기노야
골짜게의 가마솥밥
원조
명물

하지만
신나서
사다 보니
짐이 엄청
무거워지고….
무…
무거워….
묵직….
노자와나는
포기할까?
포도 2송이
오야키 6개,
사과 9개,
시치미

마지막엔
비틀거리면서
돌아왔다나.
호아~~
무거워~~!!
포도
가마
솥밥
비틀
비틀
게다가 비까지 내렸음

그랬더니만
이 가마솥밥이
거의 결정타로
무거워서….
고맙습니다—
묵직
가마솥밥
2개 들었음
악착같이 내 것도 샀음

일찍
자고
일찍
일어나니까
상쾌해~
매일
이러고 싶다

여행 메모

상당히
젊음
평균
연령에서는

개도
오야지를?

구 구 구 구 —

절에는 꼭
비둘기가 있음

발이
저려
오야지는
하루걸러
한 번씩
천태종과
정토종이
번갈아
한다고 함.

모른다.
아빠
우리 집은
무슨 종이야?

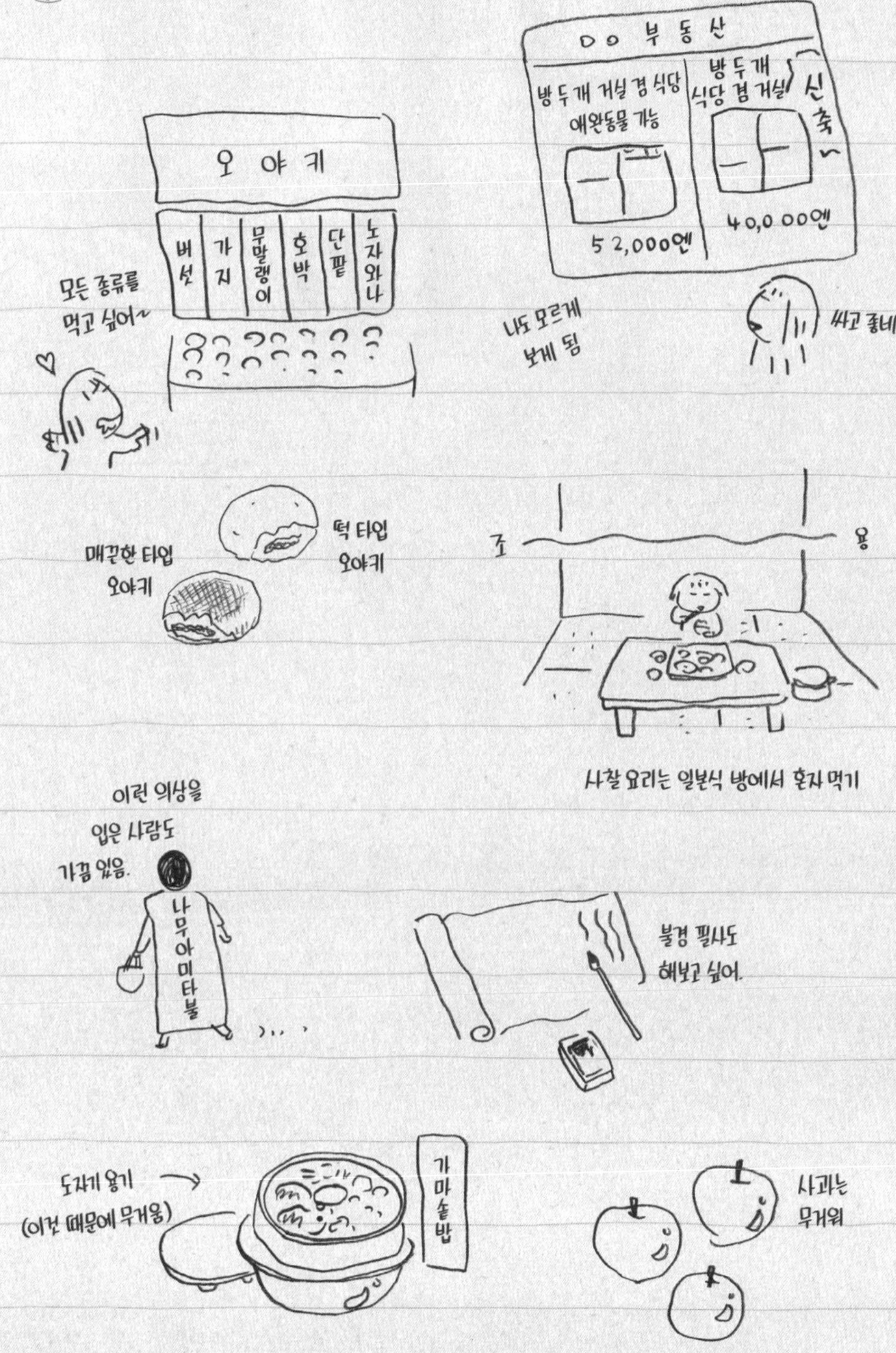
오 야 키
버섯
가지
무말랭이
호박
단팥
노자와나
모든 종류를
먹고 싶어~
매끈한 타입
오야키
떡 타입
오야키
Ｄ○ 부동산
방 두개 거실 겸 식당
애완동물 가능
방 두개
식당 겸 거실
신축
52,000엔
40,000엔
나도 모르게
보게 됨
싸고 좋네~
조
용
사찰 요리는 일본식 방에서 혼자 먹기
이런 의상을
입은 사람도
가끔 있음.
나무아미타불
불경 필사도
해보고 싶어.
도자기 옹기
(이것 때문에 무거움)
가마솥밥
사과는
무거워

나가노 젠코지 정리

개도 일찍 일어남.

나무아미타불—
나무아미타불—

템플스테이를 동경하고 있었지만 왠지 엄격한 이미지 때문에 조금 긴장하고 갔어요. 하지만 상상 이상으로 편안해서 좋았답니다. 오아자시는 혼자서도 할 수 있지만 안내해 주면 아무래도 더 안심이 되기도 하고 여러 가지 설명도 들을 수 있어 좋아요. 오아자시 참가자들은 전체적으로 연령층이 살짝 높았지만, 젊은 사람이나 아이를 데려온 사람들도 있었어요. 이때 가지고 돌아온 기념품들이 너무나도 무거웠기 때문에 '무거운 기념품은 현지에서 보내는 게 낫다.'는 것도 깨달았고, 그 후로는 친구들의 주소를 메모해서 가지고 가게 되었습니다.

무거웠어…
맛있었어….

눈 내리는
치료 온천 자취 여관

하나마키 온천 편

일단 가능한 한 옷을 다 껴입고 출발!!
어쩌면 엄청 추울지도~
뒤뚱
뒤뚱
도쿄에서는 엄청 많이 껴입은 사람
사실 전 도호쿠 지방에선 가장 북쪽으로 센다이까지밖에 간 적이 없어서 이와테 현은 미지의 세계였어요.

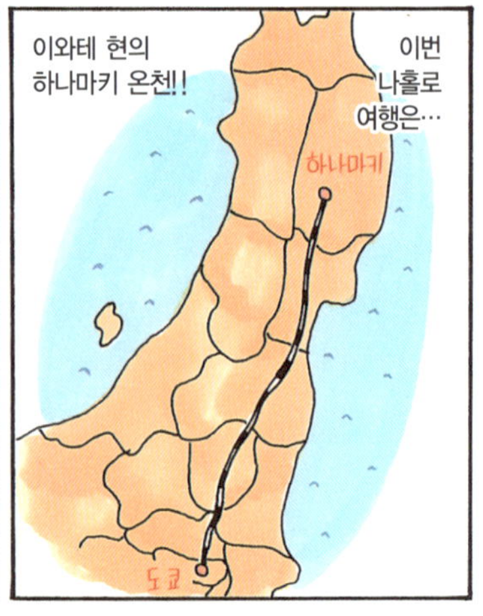

이와테 현의 하나마키 온천!!
이번 나홀로 여행은…
하나마키
도쿄

이렇게 여러 가지 불안감을 안고서 하나마키로…
눈은 내리고 있을까?
하나마키에 미즈호 은행이 있으려나?
부웅

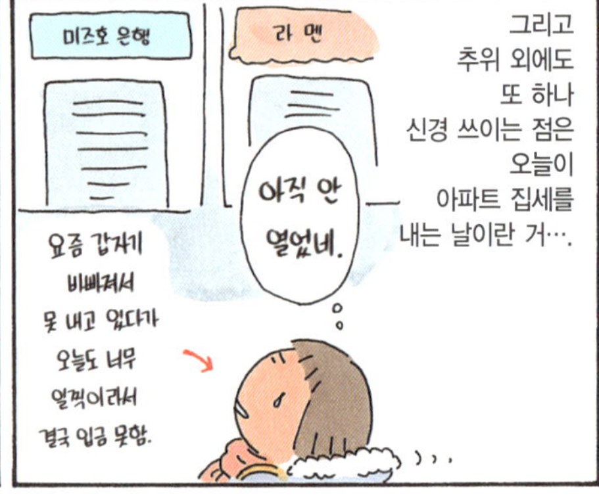

미즈호 은행
라멘
그리고 추위 외에도 또 하나 신경 쓰이는 점은 오늘이 아파트 집세를 내는 날이란 거…
아직 안 열었네.
요즘 갑자기 바빠져서 못 내고 있다가 오늘도 너무 일찍이러서 결국 입금 못함.

이제 곧 신(新) 하나마키~
꺅~!
서둘러 레그 워머 장착
패닉!!
엉?!
눈?!
그런데 잠깐 차창에서 눈을 뗀 순간…

이러면 눈은 안 오겠네.
슬슬 짐을 정리 할까나~
가이드북
부스럭
부스럭
하지만 하나마키가 가까워져도 창밖은 무척 날씨가 좋았어요.

주
르
룩
추…
춥다….

휘유우우…
신하나마키 역
기념품
이렇게 해서 하나마키에 도착…

미야자와 켄지 기념관
같이 버스에서 내린 커플
허걱~ 일단 저 커플을 따라가자.
버스
버스를 5분 정도 탄 후 기념관 앞 정류장에 내렸지만, 거기에서부터 10분쯤 언덕길을 올라가야 해요.

저 버스다!
후다닥
먼저 하나마키 출신인 동화작가 미야자와 켄지의 기념관에 가기로 했어요.

동화 슬라이드 애니메이션
배
크림뿐은 불구불 웃없어
원고용지
애용했던 첼로
사진
켄지가 모은 광석

…
어…
어른
한 장요….
그리고 여차저차 기념관에 도착.
기념관에는 미야자와 켄지에 관련된 여러 가지 물건이 전시되어 있었어요.

휘유우....
헤헤헤...
버스 시간까지는 일단 관내의 라운지에서 밀크 티 같은 걸 마시며 여유없는 척
눈에 익숙하지 않은 전 점점 무서워져서 오늘은 그냥 일찌감치 숙소로 가기로 했어요.

휘유우우
덜컹 덜컹
하지만 어딜 가나 신경 쓰이는 건 창밖의 날씨...
어쩐지 눈보라 비슷하게 변했어.
두근 두근

사... 살았다....
털 털
부
웅
휘이어~
버스
손이 꽁꽁~
덜 컹 덜 컹
눈 때문인지 늦고 있음
우앙~ 버스야, 빨리 좀 와~~.
휘유우
허거걱~
그리고 곧장 버스 정류장으로.
돌아갈 땐 내리막

두리번 두리번
식료품점은 어디 있지?
어, 어라?
오늘 묵을 곳은 '취사할 수 있는 치료 온천'이라서, 역 근처에서 식재료를 사 가려고 했어요.

이렇게 해서 하나마키 역에 도착.
하나마키 역
※ 신하나마키 역과 다른 곳.

*이하토브: 미야자와 켄지 작가가 만들어낸 말로 '작가 마음속의 이상향'. 여기에서는 이 고장이 미야자와 켄지의 고장이라는 것을 의미함.

어쩐지
'베개 10엔'
이라는 게
귀여워~♡

※ 필요하지 않으면
쓰지 않아도 됨.
(이불도 붙인 것을
사용해도 됨)

대여 요금 (하루 당)	
이 불	210엔
요	210엔
담 요	210엔
매트리스	179엔
시 트	74엔
베 개	10엔
유 카 타	210엔
난 로	263엔
탄 겐	315엔
탁 상 난 로	630엔

이번에 묵은 방은
하룻밤에
2,285엔이지만,
거기에 여러 가지
비품 가격이
더해지는
독특한
시스템이었어요.

*탄젠: 솜을 넣은 겨울용 일본 옷.

*호토: 면과 야채 등을 함께 끓인 야마나시 지방의 향토요리.

즉석 판매 코너
식당
야하기
비~
밥 세 개요~
어서 오세요~
네, 안녕하세요—.
안녕하세요—.
직접 밥을 짓지 않아도 이런 곳에서 먹을 수 있음
목욕을 막 끝냄
연령층은 살짝 높음. 오래 묵으면서 이곳에 사는 것 같은 사람도 있음.
숙소 안을 돌아다니다가 다른 숙박객들과 마주치면 어쩐지 공동생활을 하고 있는 것 같은 분위기가 나요.

우리 집 같아~
에헤헤… 왜지 재밌네~
맛간장
맥주

이렇게 해서 오늘 밤 식사가 완성!!
맥주
유리컵이 안 보여서
도자기 컵
두부탕 정식

그대로 탁상난로에서 2시간쯤 자 버리고 말았죠.
배도 부르고 따끈따끈 하니 살짝 취해서…
드르렁~

창밖 경치도 최고다~♡
펄
펄
눈에게 건배~♥

이번에 숙박한 자취 여관에선 욕탕을 네 개나 이용할 수가 있었어요.
풍요의 탕
바위 욕탕
남부 탕
목조 욕탕
타일을 붙인 복고풍 욕탕
약사 탕
오오사와 탕
노천탕 (혼욕)

그런 와중에 기대하던 온천에 들어가기로 했어요.
온천 온~천♪
눈이 계속 내리는 온천 여관의 밤은 정말로 조용했고…
펄
펄

먼저 목조 탕으로 갔죠.
남부 탕
휘우우우…
으으… 춥다…

오오사와 탕
가장 유명한 것은 강가에 있는 노천탕이지만 혼욕인 데다가 통로에서 훤하게 다 보여서 들어갈 용기가 안 났어요.
아저씨들이 들어가 있음
허걱―.
두글 두글

남자는 아니겠지…?
쓰러져 있는 게 아니라 그냥 자는 거겠지―?
깨우지 않아도 괜찮을까?
두 글
두 글 두 글

그랬는데 먼저 온 손님이 한 명….
철렁

스윽…
응…
휴…
일어났다!!

엣!
첨벙~

힐끔
첨벙
첨벙
힐끔
첨벙
덜커덩
촤
일부러 소리를 내보기도 하고…

그랬구나.
눈을 보니까 어땠시요?
도쿄 에서요.
어디서 왔시요?
네— 깜짝 놀랐어요—.
아줌마는 이와테 현 사람인 듯

첨벙
하이고~~ 지금 몇 시요?
아이고, 푹 자부렀네.
8시 좀 지났어요.

저분 나이가 되면 부끄럽지 않아지려나?
아까워라~
왜!?
여기까지 왔는디 거길 안 들어가?
어리둥절—
하지만 지금은 아직 아가씨 마음

아~ 거긴 좀 들어갈 용기가 안 나서요….
여기 탕 좋지요? 노천탕엔 벌써 들어갔시요?
에 헤 헤….
수다
수다

그런
쓸데없는
짓을
하려다가
눈 속에
처박혔어요.
까악~!!
벌러덩

차가워~.
푹
그래,
눈에 얼굴을
묻어볼까?
우히히…

에잇,
먹어
버려
야지!
아~
온천 좋다~
눈도 차가워서
기분 좋아~♡

다음 날
아침.
쩍
쩍

뼛속까지
따끈따끈
해져서
이 날은
바로
잠들고….
크어

그리고
그 후에도
몇 번인가
온천에
들어가고….
으갸~
풍요의 탕

그런데
거기에
할머니
두 분이
오셨어요.
호호호
또
두부탕인가?
100엔
동전 교환
후
다 못
먹었음
10엔

…라고 해도
어제 두부탕
남은 걸
데우는 것뿐.
취 사 실
좋아!
오늘 아침밥도
만들어 먹는다~!
아
싸

어쩐지 도움을 청하는 것 같은….
말뚱
웅 껼
부글 부글

아이고~ 불이 안 붙어.
아이구야!! 돈 넣었는데 시간만 가잖네—.
10엔 넣으면 7분 사용할 수 있는 코인식 가스
달각 달각 달각
10엔

허거걱~!!
확

영차 영차.
달각 달각

아마 이 점화기를 쓰면 되지 않을까요?

와~ 명란 굽네~.
으헤헤…
치익~ 치익~
쿵 쿵
냄새 좋다~♡

아뇨….
고마워~.
아~ 붙었어, 붙었다♡
컷보다 가스가… 새고 있어요….

조심해서
가세요~
4,497엔
입니다.
신세 많이
졌습니다―.
따끈
따끈
↑
싸다!!
그런
아침 식사
후에도
아침 목욕을
갔다가
이런
따끈한 상태로
체크아웃.

유엥
두부는
이제
지겨워~.
좋겠다,
좋겠다~
나도 명란
먹고 싶어~.
게다가 즉석 판매
코너에서 산
된장국 건더기도
두부라서 겹침♂
만
간장
아침에도
두부탕 정식

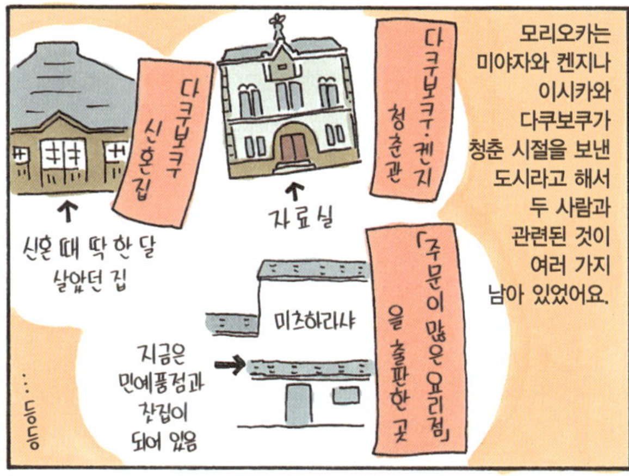
다쿠보쿠
신혼집
다쿠보쿠·켄지
청춘관
신혼 때 딱 한 달
살았던 집
자료실
미츠하라샤
「주문이 많은 요리점」
을 출판한 곳
지금은
민예풍경과
찻집이
되어 있음
느릅…
모리오카는
미야자와 켄지나
이시카와
다쿠보쿠가
청춘 시절을 보낸
도시라고 해서
두 사람과
관련된 것이
여러 가지
남아 있었어요.

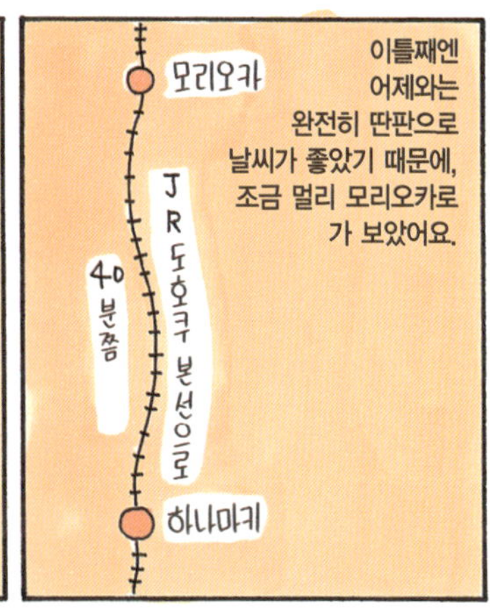
모리오카
JR 도호쿠 본선으로
40분쯤
하나마키
이틀째엔
어제와는
완전히 딴판으로
날씨가 좋았기 때문에,
조금 멀리 모리오카로
가 보았어요.

집주인께
기한은
하루
늦었지만
북쪽의
모리오카에서
제대로
송금했
습니다….
미즈호 은행
와~
있다~!!
하지만 전 그 옆의
미즈호 은행에서
집세 송금….

1911년
완성
와―
복고풍이
멋지다~♡
그리고
오래된 건물도
여러 개가
남아 있는데
그 중에서도
유명한 것이
이와테 은행
나카노하시
지점.

그리고 저의 가장 중요한 목적은 모리오카 명물인 '쟈쟈면'을 먹는 것.

라고 말하고 점원한테 주면…

그리고 다 먹은 후에 계란을 넣고,

이게 또 맛있고 따뜻해서 가게를 나올 때엔 몸이 따끈따끈…♡

계란 스프로 만들어 줘요.

살짝 산 위에 있음
있다… 여기네…
후우~
다쿠보쿠 망향비
덴 만구

그리고 그 다음에 이시카와 다쿠보쿠가 좋아했다는 이상야릇한 사자상이 있는 신사에 가 보기로 했어요.
상당히 멀어서 좀 헤맸음

사랑스러웠어요.
허리가 뒤로 빠져 있음
진짜로 이상야릇해서
와 하 하 핫
귀여워~

이렇게 머나먼 길을 거쳐 보러 간 사자상은…
헉 헉 헉

이번 여행의 좋은 마무리가 되었습니다.
그곳에서는 모리오카 고장이 한눈에 내려다 보였는데….
다쿠보쿠도 이렇게 바라봤을까?
두 마리 있음

검정검정검정
많이
쌓이네
여행 메모
쌀?!
쌀은
가지고
오셨어요?
체크인할 때
쌀을 가져오면
그걸로 밥을 해 줄 수 없다고 함
황홀~
3박 정도
하고 싶다
대여료
잠옷
갖고
올 걸~
263엔
210엔
따뜻
따뜻
탁상난로
하루 315엔
이불
↓
이불
가져오는 것도
가능
으영차
좋다-
눈을 보는 온천
이런 느낌?
하지만
혼욕♂

탁상난로를
생각해낸
사람은
정말 먼지다

눈은
좋아함
덜
덜
추위엔
약하지만

디쿠보쿠 신혼집

이와테의
버스에서

왠지
쑥스러워…

다음은~
디쿠보쿠 신혼집~

달팽이
↑
라는 이름

이와테 역
근처에
다니는 버스는
차비가 100엔

도시에선
어쩐지
문학의 향기가
난다

…는 느낌이 듦

또
만나고 싶어요

쟈쟈면

하나마키 온천 정리

거의 자기 집.

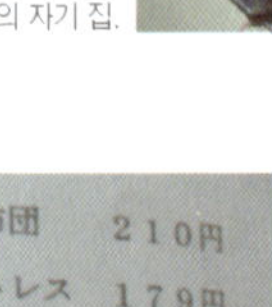

敷布団	２１０円
マットレス	１７９円
マクラ	１０円
丹前ゆかた	２６３円

'옛날 가격인가?' 하는
생각이 들어요.

따뜻하고 편리해요.

처음으로 간 치료 온천 여관이었어요. 독자적인 시스템 때문에 좀 헤매기도 했지만 저한테는 희한한 일투성이라 무척 재미있었습니다.

여관에 묵는 게 아니라 하숙을 하는 것 같은, 학교에 있는 것 같은 기분에다(취사실은 '조리실습실' 비슷함), 눈 덮인 풍경도 두근두근 설레었고요.

저는 관광지에 가면 무턱대고 돌아다니는 버릇이 있는데 눈 때문에 생각만큼 움직일 수도 없었고, 여관에 가서 온천만 하는 환경이라 딱 적당하게 여유로울 수 있어서 좋았던 것 같아요. 다시 꼭 가고 싶은 곳입니다.

일본 최장의

심야버스로 GO!!

하카타 편

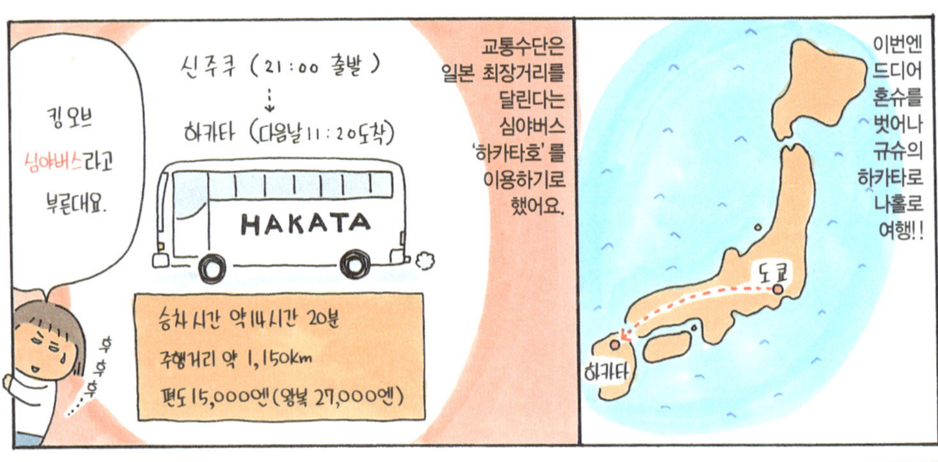
이번엔 드디어 혼슈를 벗어나 규슈의 하카타로 나홀로 여행!!

도쿄
하카타

교통수단은 일본 최장거리를 달린다는 심야버스 '하카타호'를 이용하기로 했어요.

킹 오브 심야버스라고 부른대요.

후 후 후

신주쿠 (21:00 출발)
하카타 (다음날 11:20 도착)

HAKATA

승차 시간 약 14시간 20분
주행거리 약 1,150km
편도 15,000엔 (왕복 27,000엔)

하지만 전 과거에 심야버스에서 전혀 잠을 못 잤던 추억이 많아서….

부르릉….

힘들어…
질ㅅㅅ질
ㅇㅇ… 못 자겠어…

ㅇㅇ 버스

그것 때문에 이번엔 강제로 수면 부족 상태를 만들어서 도전했어요.

반드시 자고야 말겠다!!

후쿠오카

24시간 동안 못 잔 상태

버스는 생각보다 붐벼서 거의 만석이었지요.

줄
줄

혼자 가는 승객도 상당히 많음

명

그리고 전 제일 앞자리에 앉아 드디어 출발!!

각각 떨어진 3줄 시트

유일하게 빈자리

…

ㅇㅇㅇㅇ

바로 앞 운전석

쿨럭
쿨럭
쿨럭

감기 걸리심

괜찮으세요?

운전 기사는 두 명

어, 어라?
그런데 조금 있다가 버스가 전혀 움직이질 않았어요.
HAKATA
고속도로에서 정체…

아… 벌써 자고 싶어…
느낌 좋아, 아주 좋아…♥
후아암

23시·소등시간까지는 차 안에서 비디오도 틀어 줘요.
↑ 성룡 영화

그러면 당분간 못 움직이겠네―.
무섭구만~.
뒤에서 추돌당해서 불이 났대요~.
쿨럭…
대화가 다 들림
무서워…
…….
허거걱~.

어?!
아무래도 요 앞에 사고가 있었던 모양인데….
여기는 하카타호… 네… 추돌사고… 네? 트럭이 불타고 있다고요?!
뭐시여?! 탄다고라?
쿨럭…
↑ 사투리 씀

차 안이 술렁 거렸어요.
조금 가니까 차창에 불탄 트럭이 보여서…
술렁
으헉
헉
우와
와
와아~

그 후로 한 시간 반쯤이 지나서야 겨우 버스가 움직이기 시작했고….
부르릉…
휴~.

착
어쩐지 어렸을 때 같다…♡
엄마
쿨
엄마가 닫아 주셨음
운전기사 아저씨가 닫아주심
불을 끄면 통로에 칸막이 커튼이 쳐져서 개인 공간처럼 느껴져요.
착

그리고 휴게소에서 세수하는 휴식시간을 가진 후 드디어 취침….
편안히 주무십시오.
그럼 여러분,

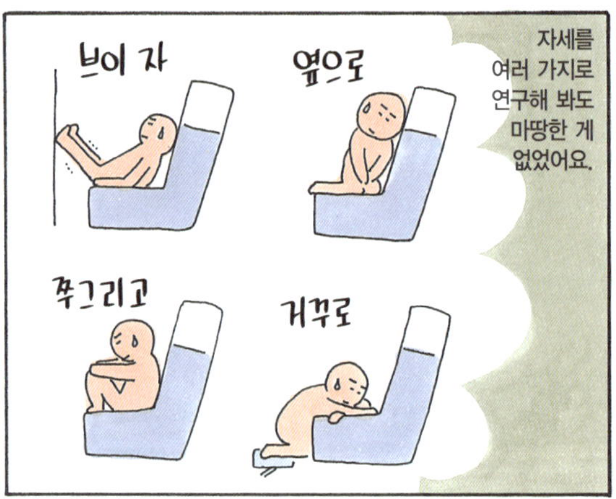

브이 자
옆으로
쭈그리고
거꾸로
자세를 여러 가지로 연구해 봐도 마땅한 게 없었어요.

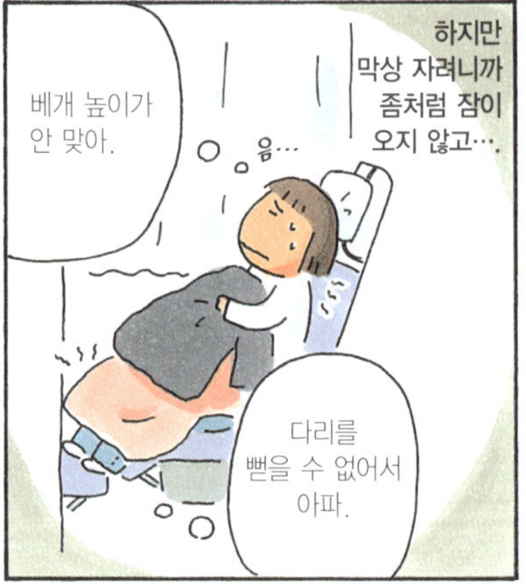

하지만 막상 자려니까 좀처럼 잠이 오지 않고….
베개 높이가 안 맞아.
음…
다리를 뻗을 수 없어서 아파.

젠장, 좀 자자고!!
자라~!!

누군가의 코고는 소리
으으… 잘 수 있는 사람은 좋겠다.
드르렁
쿨쿨…

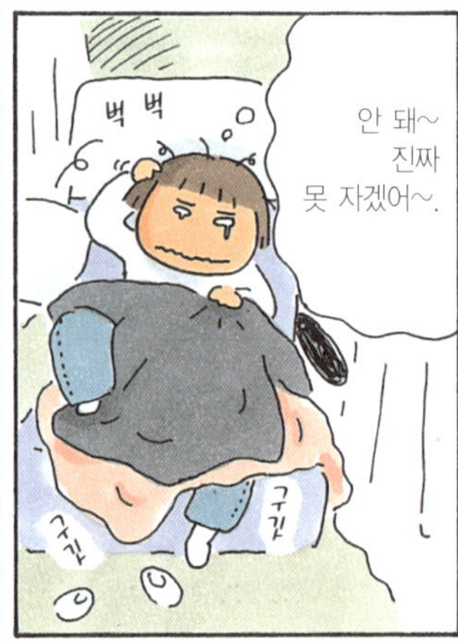

벅벅
안 돼~ 진짜 못 자겠어~.
구깃
구깃

윙
어라?
눈이
쌓였네~.
여긴
어디지?

아침이다,
아침~♥
후우~~~
조금은 잤나?

그리고
아침.
HAKATA
부 ― 웅 ....

게다가
또 다른 고속도로도
눈 때문에 통행이 중지되어
지금부터는 일반도로로
빠져나가 주행하겠습니다.
이 앞에서 차가
눈 때문에 미끄러져
연속 추돌사고가
일어났기 때문에
고속도로가 통행이
금지되었다고 합니다.
이 버스는
어젯밤
사고 때문에
약 2시간 늦어져
지금 현재
히로시마 현을
통과하는
중입니다만,
여기서 더
공지사항이
있습니다…
아~
여러분,
안녕히
주무셨
습니까?

오노미치 라멘
히로시마 명물
오코노미야키
고집스러운 맛
단풍
만쥬
시간이
없어서
못
먹겠지만요.
추릅…
맛있겠다~
와~
히로시마 명물인
오코노미야키에
오노미치 라멘!!
버스 여행은
이렇게
다른 현을
조금씩
들러 가는
느낌이
좋은 것
같아요.

그리고 일단
아침 세수 휴식을 위해
휴게소로 갔어요.
그래서
도착시간에 크게
지연이 생길 것
같습니다만
부디 양해해
주십시오.
허걱
휴게소
HAKATA

차 안에서는
다시
비디오 상영도
해 줬습니다.
↑
오다 유지의…
우물
우물

일반 도로로
빠지긴
했지만
길은 막히고
느릿느릿
운행…
느릿
느릿
아~
진짜…

그리고
버스 안에서도
간단한
아침식사가
서비스로
나옵니다.
Pan
como
건포도가 들어간 빵
녹차
마시는
요구르트
이건
휴게소에서 삼

하지만
오늘 일정이
어긋나버린
사람들은
웅성거리기
시작했죠.
도착이
늦어질 것
같아서…
죄송합니다.
실례합니다,
○○인데요—.
저, 하카타에서
나가사키 행 버스로
환승하려고
예약했는데요.
쿨 쿨 쿨
미안해~
먼저
가 있을래?
저도
가고시마 행
버스로….
큰일났네…
어머~

하지만 정말로
힘든 사람은
운전기사
일지도
모른다는
생각이
들었어요.
수… 수고가
많으세요.
엿 보 기
이상한 자세로
자고 있음
후~
쿨럭
쿨럭
가질
않네~.

점심은
하카타 라멘을
먹으려고
했는데~.
아아…
나도
예정이라고
할 것까진
아니지만…

원조? 비상식!!
건빵
별사탕 들어있음
…하고 있는데 버스 안에서 건빵이 지급되었어요.

크흑… 배고파~.
꼬르륵~
가이드북
규슈
라멘 페이지

점심때가 지나서도 버스는 아직 야마구치 현 근처.
느릿 느릿 느릿
HAKATA
완전히 갬음

이번엔 어쩌다 보니 눈과 사고 때문에 늦었지만 평상시에는 거의 스케줄대로 운행한다고 해요.
후쿠오카 (텐진) 역
수고하셨습니다
이렇게 해서 결국 종점 하카타에 16시에 도착.
에헤헤… 19시간이나 탔다~.

(모두 순순히 먹고 있음)
와작 와작
와작
와작 와작
와작 와작
와작
와작 와작
건빵 같은 거 오랜만에 먹네…
건빵
건빵
와작 와작
그리고 모두 함께 건빵을 먹는 살짝 이상야릇한 광경이….

원조 나가하마야 라멘
찾았다~ 여기다!!
원조 나가하마야 라멘
지도
1952년에 창업한 오래된 나가하마 라멘 점포.
먼저 가려던 '원조 나가하마야' 라는 라멘 집에 가기로 했어요.

끼룩~
HOTEL
꺅~ 어서 관광해야돼. 오늘이 끝나겠어~!!
으아 아아…
그리고 오늘 숙박하는 호텔에 일단 들어갔다 나오니 벌써 하늘은 석양빛.

정신 차려!
이건 럭비부에서 쓰는 사이즈잖아…
헉
근데 이 주전자 무거워!!
주전자
4기 컵
아, 물은 셀프구나.
비엣
어, 음~ 꼬들로….
그 가게는 라멘밖에 없으니까 "라멘 주세요."가 아니라 "꼬들 하나." 이렇게 주문해야 통해—
예전에 후쿠오카에 살았던 사람한테서 받은 어드바이스.
배운 그대로

드르륵
완전 꼬들~
후~

취향에 따라 생강, 깨를 토핑
원조 나가하마야
라멘 400엔
오—

자요!
그러고 있는 사이에 라멘 등장.
탕
빠르다!!

음~ 많이 없었…던가?
제가 머무른 시간도 어째 눈 깜짝할 사이였어요.
어쩌다 보니 허겁지겁 먹었어…
꺽
소요시간 약 5 분

딱딱면?
딱딱면~
여기 가게는 독특한 주문용어가 날아다니고 손님들 회전도 빨라서 조금 조급한 느낌이라…
드르륵
기름 생파 많이
아저씨 손님 많음
차슈 추가~

*도카이TV: 아이치 현의 후지테레비 계열 지역 방송국

허거거걱~ 벌써 23시~?!
맘껏 자버려서 시간이 엄청 지나 버렸어요.
딩
벌떡
후— 지쳤다.
뒹굴뒹굴 거리다가…
그 다음엔 일단 호텔에 돌아가서…
웬일로 미니화분 두 개를 구입
HOTEL

호텔을 나오니 큰길가에 포장마차가 많이 있었어요.
어묵
라멘 만두 어묵
시끌
와하하
튀김
맥주
튀김
라멘
내장
닭구이
명태
마에 자번 있는 라멘
라멘
어묵
소내장
시끌
와~ 포장마차다, 포장마차야~♡

저녁 식사를 어쩌지…?
일단 밖에 나갈까…
음

상당히 용기가 필요해서 좀처럼 들어갈 수가 없었어요.
와하하
건배-!
아아
아아
구운밥
라멘
어묵
튀김 생선살구이
하지만 막상 여자 혼자서 포장마차에 들어가는 건
하야~
두근
두근

잡지 오림
텐진의 포장마차 TOP 10
강추
최강 어묵
고정멤버 하카타 라멘
맛있게 만두
부스럭
……
이번엔 일단 포장마차에 대해서 미리 조사도 해왔지만…

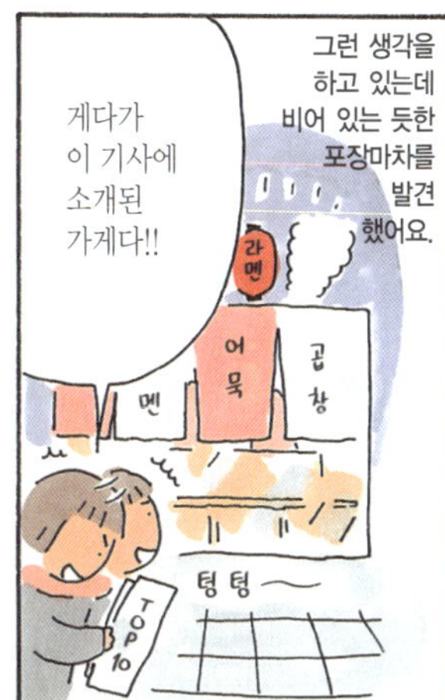
게다가 이 기사에 소개된 가게다!!
그런 생각을 하고 있는데 비어 있는 듯한 포장마차를 발견했어요.
라멘
어묵
곱창
멘
텅 텅 ~
TOP 10

휘잉
으으… 춥다…
어디 좀 비어 있고 들어가기 쉬운 데 없나?
어쩐지 동료들끼리 떠들썩한 것 같은 곳에는 들어가기가 거북해—.
와하하
건배

맥주
볶음라멘
어묵
하하하
와하하
닭구이
닭구이
생선살 구이
연어
으음
어슬렁 어슬렁
어슬렁 어슬렁

곱창구이랑~ 어묵탕이랑….
어~ 음… 맥주랑~ 명란 계란말이랑~.
메뉴
두근 두근
네~
티 ~~ 엉
어서옵쇼~
어서 오세요~
어라? 나 혼자?!
정말로 손님이 한 명도 없었어요.
두근 두근
안녕하세요~
그리하여 그곳에 큰맘 먹고 들어갔는데,

에헤헤, 칭찬받았다….
해냈구나…!
꿀꺽
그리고 혼자 포장마차에 오다니, 엄청 배짱 있네!!
와~ 여자 혼자서요?
아뇨, 뭐~~.
메뉴
아, 아뇨. 후쿠오카에는 관광하러 오늘 처음 왔어요.
자, 맥주요— 지금 퇴근하세요?
도쿄에서…
메뉴

허걱~
19시간?!
게다가 고속도로에서 사고가 나서 버스가 늦어져서 19시간이나 걸렸어요.
아~ 그리고 보니 나고 뉴스 봤지~
에헤헤…
치직~
뭐? 버스?!
아뇨… 저, 버스로 왔어요.
도쿄에서?!
후쿠오카에는 신칸센으로 왔어요?
아니면 비행기?
와— 명란계란말이 맛있어~♡

안 돼, 안 돼!! 그건 안 돼!!
네?!
아— 거기도 갈 수 있으면 살짝 들르려고요.
응? 다자이후에 갈 거면 규슈국립박물관에는 가지 않고?
음— 하카타 시내를 좀 돌아다니다가 다자이후에도 잠깐 가 볼까 해요.
그래서 내일은 어디 가는데요?
우물 우물

…이런저런 관광 어드바이스를 받고 포장마차 도전을 마쳤어요.
맥주 라멘 어묵 곱창
후~ 배가 꽉 찼다…
하지만 결국 다른 손님이 오질 않았어~

아~ 아깝고말고~
분명히 아까울 거야
모처럼 입장료를 내고 가는 거면 제대로 봐야 안 아깝지!
나도 갔거들랑!!
그 박물관은 진~짜 넓다구!! 살짝 들러서 볼 수 있는 양이 아니라고!!
아, 네….
그… 그런 가요?

다자이후로
가는 길은
서철
후쿠오카
(텐진)
역에서
약 30분.

포장마차 주인의
충고대로
아침부터
다자이후에
가기로
했어요.

그리고
다음
날…

그리고
깜짝 놀랄
정도로
거기 죄다
'우메가에 모찌
(매화가지떡)'
가게가

다자이후 역에서
내리면 바로
참배로가
이어지고
수학여행을
온 학생들도
있어서
관광지다운
분위기예요.

그리고 학문의
신이라고 하는
스가와라
미치자네를
섬기는
다자이후
텐만구로
갔죠.

금방 구워서
향기롭고 엄청
맛있었어요.

그래서
그 중 한
가게에서
하나를
샀는데….

*에마(회마, 繪馬): 일본에서 소원을 담아 말이나 기타 그림을 그려 봉납하는 그림.

전부 8개점이 들어와 있음
라멘 스타디움
RAUMEN STADIUM
확
라멘 스타디움
두근 두근
이곳에는 전국 각지의 라멘을 먹을 수 있는 '라멘 스타디움' 이라는 곳이 있거든요.
CANAL CITY
그리고 그 후에 하카타에 돌아와 캐널시티 하카타라고 하는 쇼핑몰에 갔어요.

둘 다 돼지 뼈 국물인데 구루메 것이 좀 더 진해요.
둘 다 맛나~❤
구루메 라멘
인코샤
하카타 라멘
다이호
여기에서 전 두 라멘 집을 1차, 2차로 돌고

그리고 하카타 명물인 명란을 사고 후쿠오카 여행은 막을 내렸답니다.
후쿠오카
후쿠오카
이번에 주로 먹는 여행이었던 듯.
그냥 살이 찐 건가...?
우후후…
돼지 뼈 국물의 콜라겐 덕분인지 피부에 윤기가 흐르는 것 같았어요.
후~ 완전 배불러.
결국 이틀 동안 라멘 세 그릇이나 먹고 라멘은 이제 대만족….
후
이젠 못 먹어…

가지고
올 걸~
에어쿠션
여행 메모
목
아파
집에서
민낯으로 →
왔음
피부가
상하겠어…
야간버스에서
완벽 화장을
한 채
주무시는
아줌마
치카 치카
치카
춥다…
드라이브인
식당에서
이 닦기
건빵은
목이
마름
와 작
와 작
와 작
와 작
…
건빵
아니,
저는 좀 더
걸쭉한 돼지 뼈
국물의 라멘이
좋은데요…
새로 생긴
창작 라멘 가게가
많있어요!!
지역 주민이
추천하는
라멘집을
물어봤터니…
서철 후쿠오카(텐진)역
하카타
버스 승차장에는
버스
도시락
이라는
도시락을 판다
왜
(텐진)
이지?

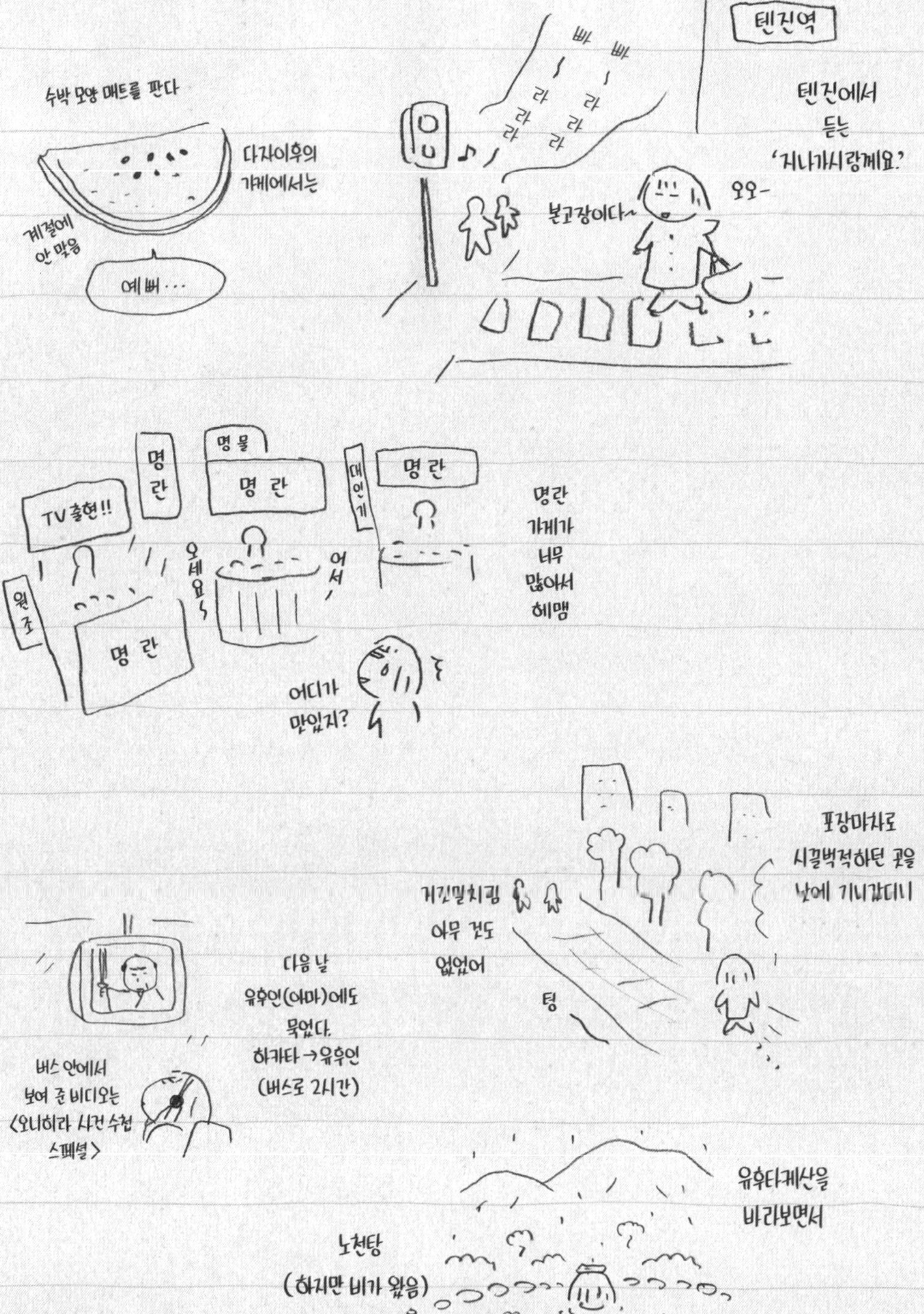
수박 모양 매트를 판다
다자이후의
가게에서는
계절에
안 맞음
예뻐…
텐진역
빠 빠
~ ~
라 라
라 라
라 라
텐진에서
듣는
'지나가시랑께요.'
오오-
본고장이다~
명물
명란
명란
TV 출현!!
명란
대인기
명란
원조
명란
오세요~
어서
명란
가게가
너무
많아서
헤맴
어디가
맛있지?
포장마차로
시끌벅적하던 곳을
낮에 가니깐디
거짓말처럼
아무 것도
없었어
텅
다음 날
유후인(아마)에도
묵었다.
하카타 → 유후인
(버스로 2시간)
버스 안에서
보여 준 비디오는
<오니히라 사건 수첩
스페셜>
유후다케산을
바라보면서
노천탕
(하지만 비가 왔음)

하카타 정리

신주쿠에서 밤에 출발!

건빵.
옛날 생각이 날 것만 같은데,
사실 그다지 먹어 본 적이 없어요…

버스에선 잠을 잘 못 자는 체질이라 심야 버스엔 약한데요, '일본에서 제일 장거리'란 얘길 들으니 한번 타 보고 싶더라고요. 확실히 승차시간이 엄청 길어서 피곤했지만 여러 가지 사건이 생기기도 하고 인간 드라마를 보기도 하고, 상당히 좋은 경험이었습니다. 후쿠오카의 사람들은 말하는 걸 좋아하는 것 같았어요. 명란 가게 아저씨도 추천하고 싶은 라멘 집을 이곳저곳 말씀해 주셨죠. 하지만 포장마차에 들어가는 건 진짜 긴장되더라고요. 모처럼 규슈까지 왔기 때문에 이틀째엔 좀 더 멀리 나가서 오이타 현의 유후인에서도 묵었어요. 그곳은 사랑스러운 온천 고장이라는 느낌이었고, 느긋하게 지내다 왔습니다.

남쪽 지방에서
다이버에 도전!!

오키나와 편

*나하(那覇): 오키나와의 항구도시.

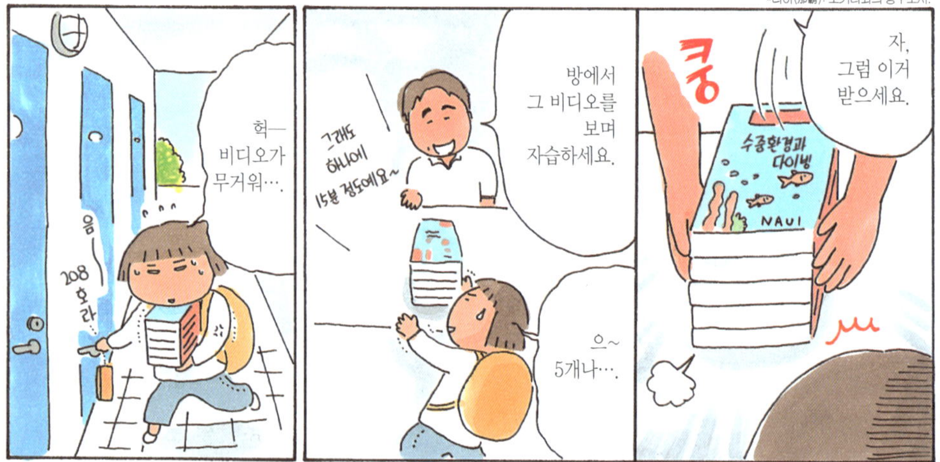

'난에이' 라고 하는 가게에서 저녁을 먹기로 했어요.
난에이
해물 요리점
그 후에 근처에서 어슬렁 거리고…
바다가 예쁘다~
방은 바다가 코앞에 있는 콘도 타입.
조립식 욕실
4진 앞쪽이지만
와아
미니 키친도 있네~!

Marlin club
아~ 기분 좋당~♡
에 헤 헤
살짝 취함

오리온 맥주도 최고야~☆
와구 와구 와구 와구
음~ 맛있어~♡
다카세 조개 된장볶음 정식 1,420엔
가게 사람들의 말투가 오키나와 사투리라 조금 알아듣기 힘듦
← 해초도 맛있다!!

바닷속에서 주의해야 하는 점은—
하지만 결국 비디오는 조금만 보고 기절….
5분쯤 봤음….
쿨

…가 아니지!! 비디오를 봐야 해!!
헉
두 둥
후아아~ 벌써 졸려~.
음냐 음냐
↑ 나워했음

이 날은 강습을 받는 사람이 저 말곤 없었기 때문에 완전 럭셔리하게 일대일 강습이었어요.
잘 부탁드려요.
자…잘 부탁드립니다.
하지만 동료가 없어서 좀 쓸쓸한 걸~?
그리고 이 날의 담당자는 강사 N씨.
아~ 불안해….
비디오도 못 봤다….
두근두근 떨리는 강습 시작.
(AM 8:00)
다음 날.
날씨 좋음

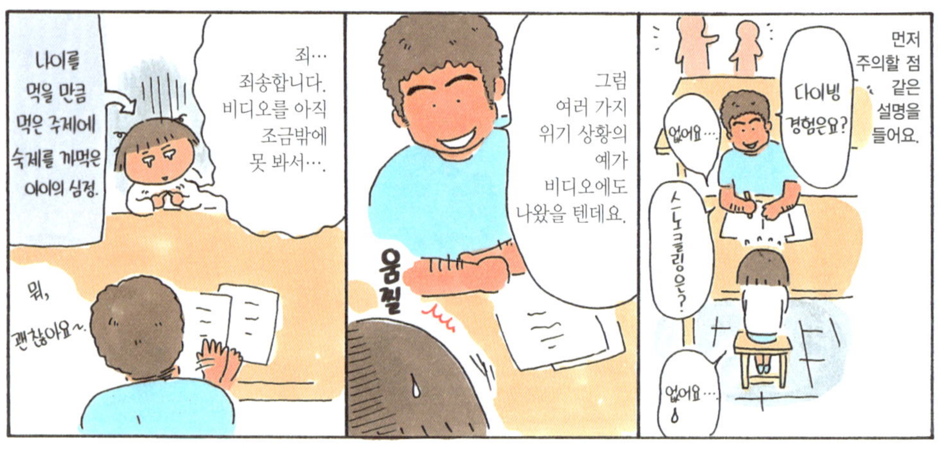

나이를 먹을 만큼 먹은 주제에 숙제를 까먹은 아이의 심정.
죄… 죄송합니다. 비디오를 아직 조금밖에 못 봐서….
뭐, 괜찮아요~.
그럼 여러 가지 위기 상황의 예가 비디오에도 나왔을 텐데요.
움찔
먼저 주의할 점 같은 설명을 들어요.
다이빙 경험은요?
없어요….
스노클링은요?
없어요….

이것도 좀처럼 균형을 못 잡았어요.
발은 몸 뒤로요!
흐아악~
처음엔 공기 탱크를 쓰지 않고 스노클링으로 연습하지만
미끌
구명정
오리발을 잘 사용 못함

이런 다음에 기재 세팅 법 같은 것을 배우고 드디어 얕은 해변에서 실습을 해요.
스노클
마스크
잠수복
웨이크
장갑
탱크
BC
부력을 조정하기 위한 추
부츠

바닷속에
들어가면
가벼워져요.
조금만
더요~
ㅋ—
일단
이 차림으로
바닷속까지
가는
것만으로도
왕고생…
휘청
휘청
무…
무거워!!
묵직—
그리고 좀
익숙해지자
공기탱크
등장.
(웨이트와 맞춘 총중량 약 20kg)

이 안에서
하고
있어요.
철—썩
부글
부글
부글
그 후에
'마스크 안에
바닷물이
들어갔을 때
대처법' 같은 것을
실습.
어거
거~
부글
부글
그렇다고는
해도
물속에서
숨을
쉰다는 것에
좀처럼
익숙해지지
않아서
이것도 완전
힘들고….
조금 더
천천히
호흡하라고
말하고 있음.

그리고
오후엔
보트를
타고
만으로
실습하러
갔어요!!
둘 둘
오전만 했는데
이렇게 힘드니,
계속 할 수 있으려나…?
다이빙이
나한테
맞질
않나?
하아~
지쳤다~.
털썩
이렇게
해서
오전 실습이
종료.
점심시간은
방에서 휴식

그곳에서
어제부터 나와
같은 강습을
받고 있다는
여자애
두 명과
함께
둘 다 간토 쪽에서
혼자 참가함
생
생
안녕
하세요―.
와~
동지다~
저기,
전 오전 실습만
받았는데 진짜
기진맥진했거든요.
두 분은 어떠세요?
어머, 저도
기진맥진했어요.
어젠 방에 가서
바로 잠들었어요.
저도 어젠
너무 지쳐서
저녁밥 먹으러
못 나갔어요.
아
하
하!

허
기
꺽
~!
무거운 탱크를
등에 지고
있어서
상당히
무서움···
견
본
휙
'백롤 앤트리' 라고
하는 방법
그러고 있는 사이에
다이빙 포인트에 도착.
바다에 들어갈 때엔
뒤로 뛰어들어요.

'모두 다 똑같구나~'
하는 생각에
조금 자신감이
회복됐어요.
맞아요~.
장비가
무거워요~.

물고기···
처음엔 물속에서
호흡을 하는 게
고작이었지만
조금 여유가 생기자
주변을 둘러보기도
하고···.

그리고
로프를 잡고
깊이
잠수하는
연습을
해요.
부
글
부
글
익숙하지 않으면
몸이 떠버림
수압으로 귀가
아파지지 않도록
도중에 몇 번씩
'이퀄라이징'이라고
하는 동작을 함

*참플: 오키나와 식 볶음요리. *라후티: 오키나와의 돼지고기 찜 요리.

장사 번성
참플 스튜
메밀 정식
오므라이스
나베라 볶음
두부 참플
고야 참플
라후티
생된장볶음
문어 라이스
음~
고야 참플하고
오리온맥주
주세요.
네.
손님은
나뿐.
오키나와 가정요리 점
야마토 식당
그래서
근처에 있는
'야마토 식당'
이라는 가게에
갔어요.
강사인 N씨가
맛있다고 강추.

칙
칙
나만을 위해
만들어
주는 것 같은
느낌이 좋다~♡
쿵
쿵
쿵
?
혼자 살면
이런 거에
약함…
거의
10년
만에
본
'우리 집
타이를
모르시
나요??'
어쩐지
친척 아주머니
댁에 온
분위기야…

비디오는
또
못 봤어요.
다이빙 중에
만약 죽이
안 좋아지면~
이렇게
이 날도
기분 좋게
살짝 취해서…
클
어제와 똑같은
자세…
오 잘
했어~♥
와구
와구
왕~
맛있어.
맥주 기본 안주는
바다포도(해초)!!
고야 참플 (밥, 스프 포함) 700엔

곧바로
해양 강습
시작!!
휙
두근
두근
두근
오늘도 강사 N씨와
일대일 강습

오늘은 아침부터
만으로 나가서…
부 ──── 웅

다이빙 강습도
이틀째에 돌입.
벌써
근육통이…

몇 번이고 쓰고
지우는 칠판
그림
그리는
어린이용
장난감
'선생님'!!
선생님
예…
옛날 생각난다!!

그런데 N씨가
소중하게
들고 있는 게
뭔가 했더니,
?

어제보다는
상당히
익숙해진
느낌.
호흡이
가빠짐
아직도
물속에서
공포를
느끼긴 하지만
천천히
자기도
모르게
발버둥침

레귤레이터
하나를 번갈아
사용함
공기가 떨어지려 할 때 다른 사람에게
공기를 나눠받는 연습
그런
'선생님'
에게
도움을
받으면서
여러 가지
실습을
했어요.
바닷 속으로라고 해도
좀 쑥스러움…

바닷속에서는
이걸로 지시를
내리는
모양이에요.
바디 브리징
상승
'선생님' 이
이런
바닷속에서
사용될
줄이야…

와아아~
가라앉는다!!
(중성부력이라고 함)
바닥에 닿으면 안 됨
가라앉지도 않고 떠오르지도 않게 딱 알맞은 부력을 유지하는 연습
영차
한 번 벗기
해초가 얽힌 경우 등을 가상해서 물속에서 기재 탈착

어쩐지 하늘을 나는 것 같아….
그리고 더 바다 깊은 곳으로….
아래로…
아래로….
후우~
'하강' 사인
필사적으로 실습을 하는 동안에 점점 움직이는 요령을 알게 되었어요.

이렇게 해서 오늘 첫 번째 해양 강습 종료.
바다에서 올라오면 탱크가 무거워….
묵직
이렇게 바다 깊은 곳에 있다는 게 거짓말 같은 기분이 들었어요.
반짝 반짝
대단해, 수면이 저렇게 멀리 있다니….
수심 18m는 이번에 취득하는 C카드로 잠수할 수 있는 최대한의 깊이에요.
그러자….
수심 18m
엥?!

그래요…
다이빙은
강습을
받지 않아도
체험할 수
있어요.

엄청
시끌하네~.

학교에서
왔나?

기대돼—

어땠어
?

우웅~

아
하하

그랬더니
체험 다이빙에
참가하는
여자 단체와
같이 하게
됐지요.

그럼 먼저
기구 설명을
할게요.

오!

일단 육지로
돌아와서
쉬고 난 후
두 번째
해양 강습을
하러
갔어요.

나도
갑자기 했으면
어떻게
됐을라나…

적응을 잘 못하는 사람

끌꺽

깍
깍

좀처럼
적응을
못하는
사람도
있어요.

아
하하

잠수~
합니다~

천천히
해도
돼요~

물론 바로
즐길 수
있는 사람도
많이
있지만,

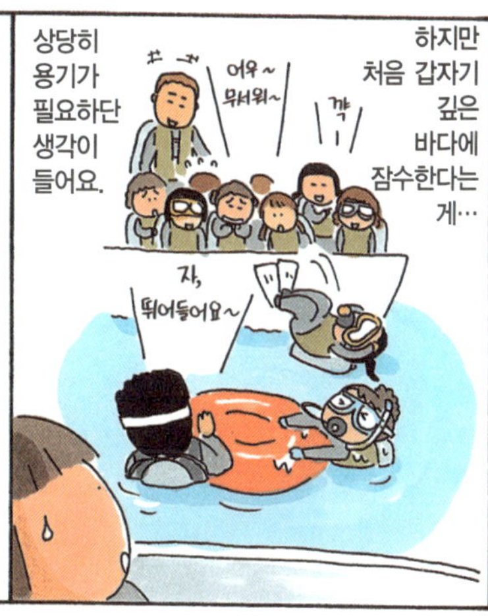
상당히
용기가
필요하단
생각이
들어요.

어우~
무서워~

깍

자,
뛰어들어요~

하지만
처음 갑자기
깊은
바다에
잠수한다는
게…

열심히 합시다!!

그럼 드디어
마지막
해양 강습을
하겠습니다.

아,
네!

그런 사람도
제대로
강습을 받거나
몇 번 잠수를 해서
익숙해지면
다이빙의 인상을
확 바꿀 수
있을 것 같아요.

이런 사람이
상당히
많아요.

안 돼~
난 다이빙에
안 맞는 것 같아~.

제 주변
에서도
체험
다이빙을
해 보긴
했는데…

귀도
아프고~

이 바닷속을 즐겨 봅시다!!
야호~♪
ㅠㅠ

오케이에요
이렇게 해서 바닷속에서 강습은 모두 종료.

목적지
마지막엔 방위 자석을 사용해서 혼자 목적지까지 갔다가 돌아올 수 있는지를 연습.
시르륵

앗, 흰동가리!!
장을 꺼내는 해삼
갯민숭 달팽이!!
엥?
두 ─ 둥

에헤 에헤
끝났당 끝났당~
강습이 끝나고 기분이 가벼워지니까 바닷속이 더 즐거워졌어요.

바닷속에는 이상야릇한 생물이 정말 많아요…
으와아~
장을 만지면 끈적끈적해요
말랑

콕 콕
움질
쑤나나나~
!!

그리고…
엄청난 수의
물고기 떼가….
아!

메르헨틱한
말로 하자면
정말이지…
물고기가 된
기분…
우훗 ♥
싀웅

다른 세상
같아서…
바닷속은
정말
신비하고…

우와~
어떡해…!!
말도 안 되게
예뻐…!!
반짝
반짝
반짝
찡
울고 있음

아
하
핫
하지만…

수고
하셨습니다.
저야말로 많이
신세졌습니다!!
감사드려요

이렇게
해서
강습이
끝났어요.
휴우~
힘들다….
하지만
어제만큼
지치진
않았어!!

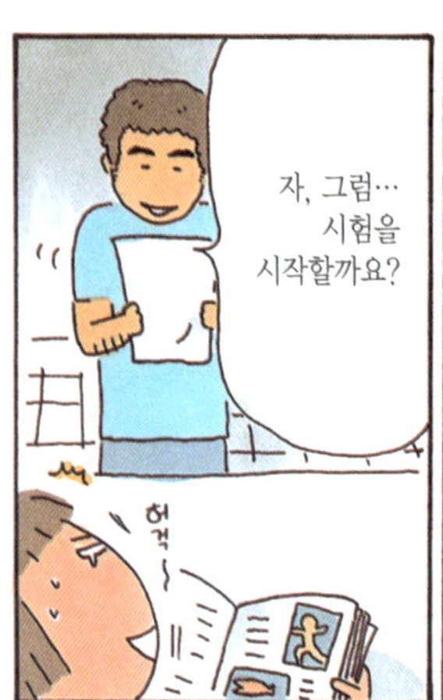

자, 그럼…
시험을
시작할까요?

어쩌지~

허걱~

으으으…
머리에 하나도
안 들어와~.

NAUI
Scuba
Diver

자습시간

오늘도 수업

공기 탱크에는
알루미늄하고 스틸 탱크
두 종류가 있는데
알루미늄은…

아직
마지막
관문인
학과
시험이….

다카기 씨의
점수는…

허걱~

두근 두근
두근 두근

다카기 씨…
몇 점이면
합격인지
아세요?

아…
76점이죠…?

그리고
채점
결과는
바로
나와요.

옛
?!

(100점 만점 중)

째깍
째깍

째깍
째깍

바로 지금
시험 중

음…

음~

이름도
원조 바다포도
라는 가게

후후후…
건배~♡

그리고
밤엔
오키나와
명물인
'바다포도
덮밥'으로
혼자
축하파티.

맛있어용…

1,200엔

무사히
C카드
취득!!

이제
다이버
시네요!!

축하
드립니다.

이렇게
해서
아슬
아슬
하지만

정말
감사
합니다~

이히히….

채점하는데
조마조마
했어요….

76점
이었어요.

허거거거걱
!!

76

*칭스코: 오키나와의 특산품으로 유명한 설탕과자. *구르쿤: 오키나와 특산물인 붉은 생선.

시간표조차
찢겨져나가서
없음

정류장

버스가
오지 않음

평생 처음
비키니를 샀음

좀
화려한가?

역시
비키니
지~.

오키나와에
가기 전…

이와모리는
못 마셨어…

오리온맥주만
마셔대느라

ori
on

젖은
잠수복을 입는 건
진짜 힘듦

큭
——
!!

계속 위에
잠수복을 입고
있었다…
(보여줄 수가 없음)

…
하지만…

해변에
올라올 땐
막 태어난
새끼 사슴 같다

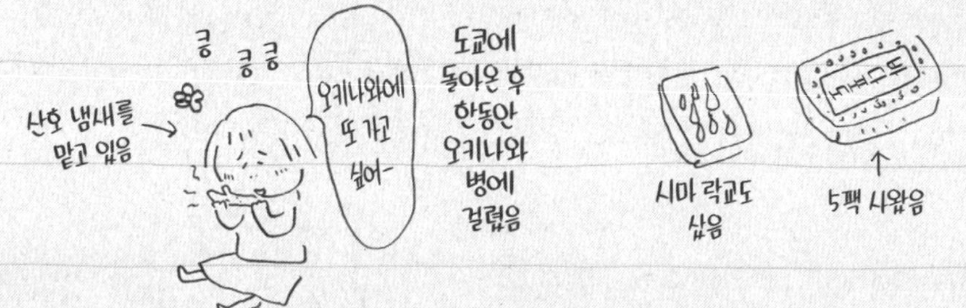

*시마 락교: 오키나와 특산 락교.

오키나와 정리

모든 종류를 먹고 싶어…

사자 기념품.
현관에서 노려보고
있어요.

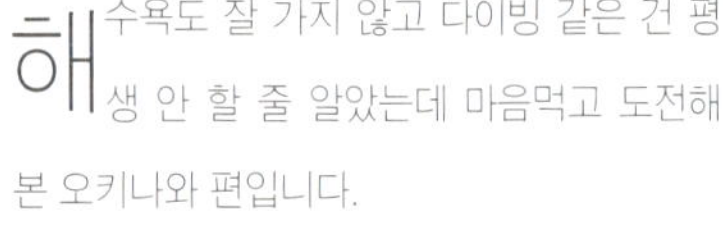

C카드 실물.
다, 다행이야(훅)::

해수욕도 잘 가지 않고 다이빙 같은 건 평생 안 할 줄 알았는데 마음먹고 도전해 본 오키나와 편입니다.

평소 운동 부족으로 강습 첫날은 기진맥진해서 진짜 틀렸다 싶었는데 오키나와 요리를 먹고 힘을 냈어요. 몸을 움직이고 있어서 그런지, 오키나와 요리가 맛있어서인지, 머무르는 중엔 무척 식욕이 넘쳤습니다.

다이빙 강습은 의외로 혼자서 참가하는 사람이 많기도 했고, 그것보다도 강습에 따라가느라 안간힘을 쓰다 보니 "혼자라서 쓸쓸하다." 같은 생각을 할 여유조차 없었어요.

여러 가지로 힘들었지만 돌이켜보면 무척 즐거웠습니다.

"

게이샤 기분을 내며
환하게

교토 편

후후후후후……
위 어 잉
청
이번엔 화사하고 어른스러운 여인의 나홀로 여행을 목표로 했어요.
옷도 살짝 어른스럽게…

저란 사람은 늘 여행지에서 먹겠다는 일념으로 달렸지만….
와구 와구 와구
꺼억…

교토
이번 나홀로 여행은 일본의 고도(古都)…
도쿄
교토

허걱~ 덥다~
JR 교토역
지나치게 쾌청했어요….
30도가 넘음!!
후끈

번쩍

…하고 출발 전 매일 기도를 했더니…
제발 비가 내리지 않기를~ 맑기를~
그런데 그때가 하필 장마가 한창일 시기였기 때문에
교토

선생님~
와글 와글
끼끼끼끼
아~ 뛰지 마~
까하하하
그러자 수학여행 학생들이 엄청 많아서 무척 번잡했어요.
여… 역시 필수 코스에는…
이 물을 마시면 큰 행운이 생긴다는 오토와 샘에 엄청난 줄이… ♪♪

기요미즈데라
그리고 먼저 버스를 타고 기요미즈데라로.
차찬언덕
터워~
기요미즈구이
버스 정류장부터 좀 걸어감

…그렇다는 건 이미 20년 전?!
현재 32세….
띵
그건 초등학교 6학년 때였으니까…
까하하하하
일정표
그러고 보니 나도 수학여행으로 여기 왔었지.
깍 깍

음~ 운치가 있군.
그 후에 산네이자카~ 니넨자카를 어슬렁거리면서…
다케히사 유메지

…하고 기요미즈의 무대 위에서 세월의 흐름이 얼마나 빠른지 통감한 여인.
아아아… 옛날 옛적 이잖아….
말도 안 돼~ 그렇게 옛날이야~?

교토 조림 '아오이'의 카페 코너
나락 나락 나락
고사리 떡을 방금 전 먹었지만
거기에 오차쓰케로 점심.
오차쓰케 정식 1,365엔
'라쿠쇼'라는 가게
고사리 떡을 먹고 휴식.
부드러워~♥
왕~
주우욱
구사 고사리 떡 650엔
뜰에 엄청나게 커다란 잉어가 있음

예약시간까지 아직 조금 시간이 있어서 근처에 있는 겐닌지라는 절에 들렀어요.
쌍룡도…?
겐닌지
<쌍룡도> 공개중

그리고 오늘의 메인이벤트는 사실
게이샤로 변신!!
…하고 사진 찍기
인데요….

법당 천장에 그려진 <쌍룡도>도 박력만점.
어디에서 봐도 쩌려보는 건처럼 보인다고 함.
와-
헉-

그랬는데 그곳은 어쩐지 마음이 차분해지는 멋진 곳이었어요.
아… 여기 참 좋다…♥
안 뜰
다들 멍~ 때리고 있음
느긋

좌악
너무 많아서 모르겠어~
마음에 드는 기모노를 골라요.
마음에 드시는 걸로 고르세요~
먼저 간단한 설명을 들은 후에 속옷으로 갈아입고,
버선도 신음
이러고 있던 사이에 시간이 되어 서둘러 게이샤로 변신하러!!
마이카
헤헤헤…
두근두근
게이샤로 변신 마이카

*데몬코구레: 일본 록밴드 보컬. 진한 화장을 늘 유지한 것으로 유명함.

뭐,
어울리는지는
나중 문제이고
여행의 추억으로
어떠신가요?

강변에서 →
찍어 주신
사진

요금은
6,500엔~
여러 가지
코스가 있어요~

이 게이샤 변신 체험은
어린아이에서부터
할머니,
남자들까지
하러 온다고 해요.

찐 득~

으~음...

하지만
아무래도 아직 다
지워지질 않네.

↑
머리에
바른 기름이
남아 있음...

후~.

게이샤
체험
종료!!

편하당...

photo

싹 싹
싹
싹

그 후에 가져간
클렌징 용품으로
메이크업을
지우고….

지금은 1박에
아침 식사를
제공하는
1박용 숙소가
되어 있어요.

이쪽
방이에요~

원래
이곳은
100년도
전에
지어진
요정이라는데

와~

계...

오늘 밤 숙소는
기온 근처
이시베이코지라는
좁은 골목에
들어가면 있는
'이나카테이' 라는
여관이에요.

거기서 일단
숙소에
체크인하기로
했어요.

이나카테이

*기온(祇園): 교토의 고색창연한 분위기를 만끽할 수 있는 유흥가.

사진 플리즈
플리즈
외국인 한테도 엄청 인기
꺅 꺅
앙, 게이샤 다~!
사람들이 모여 있었어요.
고급스러운 이미지인 기온에도 요샌 부담 없는 가게가 늘어났다고 하니, 어디 적당한 가게가 없을까 돌아다니고 있는데…
응?
기온의 숨겨진 명소

혼자서 들어가기에 아무래도 겁이 나서…
그리고 저녁 식사는 몇 군데 들여다보긴 했지만,
음….
어슬렁
어슬렁
어슬렁

무척 예뻤어요.
가짜
응….
역시 어딘가의 가짜와는 달리 진짜 게이샤는 품격이 있고,
시끌 시끌

이날은 이렇게 끝…
으흐흐….
결국 빵을 사서 숙소에서 먹는, 전혀 어른스럽지 못한 저녁 식사를 했죠.
텁 텁 텁
베이커리

점점 들어가기 힘들어져서…
시간도 점점 늦어지고…
조심히 가세요~
으흐흐
안절 부절
어쩌지!?
어….
시끌 시끌 시끌

그러자…
실례하겠습니다.
왔다~!

어젯밤 저녁 식사가 시원치 않아서 아침부터 배가 고프고…

쩍…
쩍…
그리고 이틀째 아침.

기다려 마지않던 아침 식사는 색깔이 무척 예쁘고 건강한 메뉴였어요.
와~!
천천히 드세요ㅡ.

짠
오옷~~!!

버스를 타고 아라시야마로 갔지요.
부웅
아라시야마

숙소를 떠나,
또 오세요~
조심해서 가세요~
신세 졌습니다~

이렇게 해서 배도 채우고…
아침부터 이렇게 제대로 먹는 거 오랜만이야~.
와구
와구
두부탕만 있어~♥

건물의 끝자락에서 잠시 바라보기로 했어요.
여기에는 연못이 있는 멋진 정원이 있어서
와~ 예쁘다~ ♪
뷰티풀~

먼저 세계문화유산이기도 하다는 텐류지(天龍寺)로 갔어요.
하지만 오늘도 덥네.
후우~
텐류지 대본산
후 욱

흠, 다들 혼자 여행하고 있나~?

문득 보니 마찬가지로 건물 끝에 멍~하니 혼자 앉아 있는 여자가 세 명 (나 포함).
오오!

그 후 아라시야마라고 하면 먼저 딱 떠오르는 도게츠 다리를 보러 갔어요.

그럼 나도 남이 보면 그런 식으로 보이려낭♡
에헷♥

왠지 성인 여자가 혼자 정원을 바라보는 모습도 좋네~.

그러세요~?
아니… 저, 괜찮아요.
인력거 오빠가 말을 걸었어요.
필요하시면 사진 찍어드릴까요?
피용
괜시리 줄행랑
그리고 다리 위에서 사진을 찍고 있는데….
좋다
저기~.

모르는 남자가 수레를 끌어준다는 게 어쩐지 쑥스러운 걸~.
하지만 전 인력거는 좀 거북해요.
게다가 이상하게 좀 맛없는 사람이 많은 것 같기도 하고….
근육질
검게 탄

안녕하세요~
움찔
맞아요. 이 근처엔 인력거 아저씨들이 많은데, 혼자 걷는 여자를 주로 노리는지 아까부터 상당히 말을 걸더라고요.
타실래요~
움찔

그래… 다른 사람은 혼자서 인력거를 탈 수 있구나.
살짝 쇼크를 받았어요.
어… 어른이구나….

그게 왠지 무척 그림이 되더라는 거죠.
그럼 다음으로 안내할게요
우후후후….
그런 생각을 하고 있는데 바로 옆에 여자 혼자인 손님을 태운 인력거가 지나가고…
앗!
삭음

*빅썬더마운틴: 광산열차를 타고 터널을 탐험하는 디즈니랜드 놀이기구.

아까의
족욕탕에다가
따뜻한 국수가
만나니 땀이
샘솟듯이
났어요.
후하
후하
이곳의
메밀국수는
무척
맛있었지만
토로로 메밀
1,000엔
도착 후에 먼저
눈앞에 있는
메밀국수 집에서
점심 식사를
하기로 했죠.
와아 ♥
버 스
아라시야마
그리고 나서
버스에 타고
고케데라
쪽으로
갔어요.
후우~
버 스
아라시야마
따끈
따끈
따끈

하지만
나중에 보니
아무리 봐도
방금 막
목욕하고
나온 여자….
고 케 노 챠
찰
칵
명물 문앞 토로로 메밀
이렇게 해서
가게 앞에서
기념촬영.
메밀
가게 팽플릿

가게 사람
사진
찍어드릴까요?
후후후,
혼자
여행하세요?
아,
네.
줄
줄
역 족욕탕
족욕탕 타월

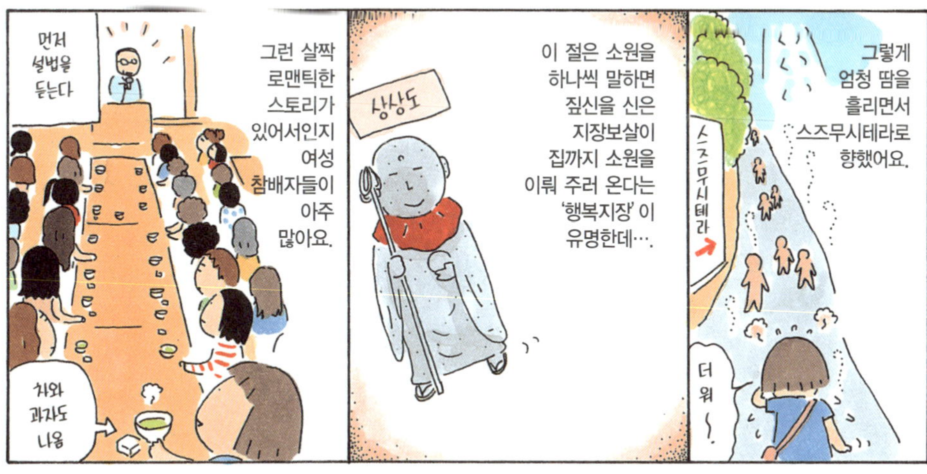
먼저
설법을
듣는다
그런 살짝
로맨틱한
스토리가
있어서인지
여성
참배자들이
아주
많아요.
차와
과자도
나옴
상상도
이 절은 소원을
하나씩 말하면
짚신을 신은
지장보살이
집까지 소원을
이뤄 주러 온다는
'행복지장' 이
유명한데….
스즈무시테라
그렇게
엄청 땀을
흘리면서
스즈무시테라로
향했어요.
더
워
~

나중에
그림으로
먹고
살 수 없게
해 주세요~...
교토를 향해
기도함
뭐…
일단 기도는
해두자.
음…
지장보살님이
집까지 온다고?!
어쩐지
무서워…
부적
이 부적에
소원을 말하면
지장보살님이
집에 와서
이뤄 준대~.
아직 학생
오잉?
자, 줄게
언니
교토에서 돌아옴
사실 전
10여 년 전에
여기 부적을
언니한테서
받은 적이
있어요.
후후후…
언니 기념품은
이걸로 해야지~.
부적
그리고 그때와
똑같은 부적을
언니 것까지
두 개 구입했어요.
링 링
링
링
방울벌레가
많이
장식되어
있음
그래~
그때 언니는
여기에 왔구나.
요
언니…
…뭐 그런
추억도 있는
절이었어요.
FRESHLY ROASTED COFFEE
INODA COFFEE
이노다 커피 본점
그래서
조금 걸어서
오래된 카페
이노다 커피
본점을
갔어요.
어디
좀
가 볼까?
그러고 보니
교토라고 하면
복고풍 카페도
인기가 많지~.
슬슬
집으로
돌아갈까
생각
했지만…
코인
로커
영차
그러고 나서
다시 버스를 타고
짐을 놔뒀던
시조 역까지
돌아와서…

아라비아 진주와 치즈 케이크요.
※ '아라비아 진주'라는 이름의 커피.
MENU
하… 하지만 여기에 왔으면 아무래도 커피를 먹어야겠지?
← 향기는 좋아함
하지만 사실 전 커피를 잘 마시지 못해요.
어서 오세요~
가게 안에 들어가니 커피 향기가 확~ 풍겼어요.
킁 킁 킁

이런 감상 밖에 못 함. 커피 좋아하시는 분들껜 죄송합니다
으읔, 써!!
…이런 건 전혀 모르겠어요.
아마, 보통 커피보다 신맛이 있었던 걸 같아요

오호… 이건 깊은 맛이…
진하면서도 향은 산뜻…

이렇게 해서 나온 커피는…
우유와 설탕을 넣은 채 나옴

신칸센에서
하아~ 맥주가 달아♥
어른스러웠는지는 의문이지만 이런 분위기와 함께 왠지 따스한 기분을 느끼면서 교토 여행이 끝났습니다.

잠시 느긋하게….
하지만 가게 안은 무척 차분한 분위기라…
홀짝

높은 게다 무서워
휘청
너무 많아서 고를 수가 없음
당황
당황
어떤 색깔의 게이샤 기모노를 입고 싶은지 정도는 생각해둘 걸 그랬어
게이샤 벤벤

조심해요~
휘청
허걱~
휘청
강가에 내려갈 때 계단이 진짜 무서웠다
교토 여름은 끝내주게 더움
...습니데이~

기요미즈테라 경내에 있는
인연을 맺어주는 신
좋은 인연
여자 혼자 여행하다가 이런 데를 가면 사람들 눈이 좀 신경쓰임
그냥 입길래 간 것뿐이거든~

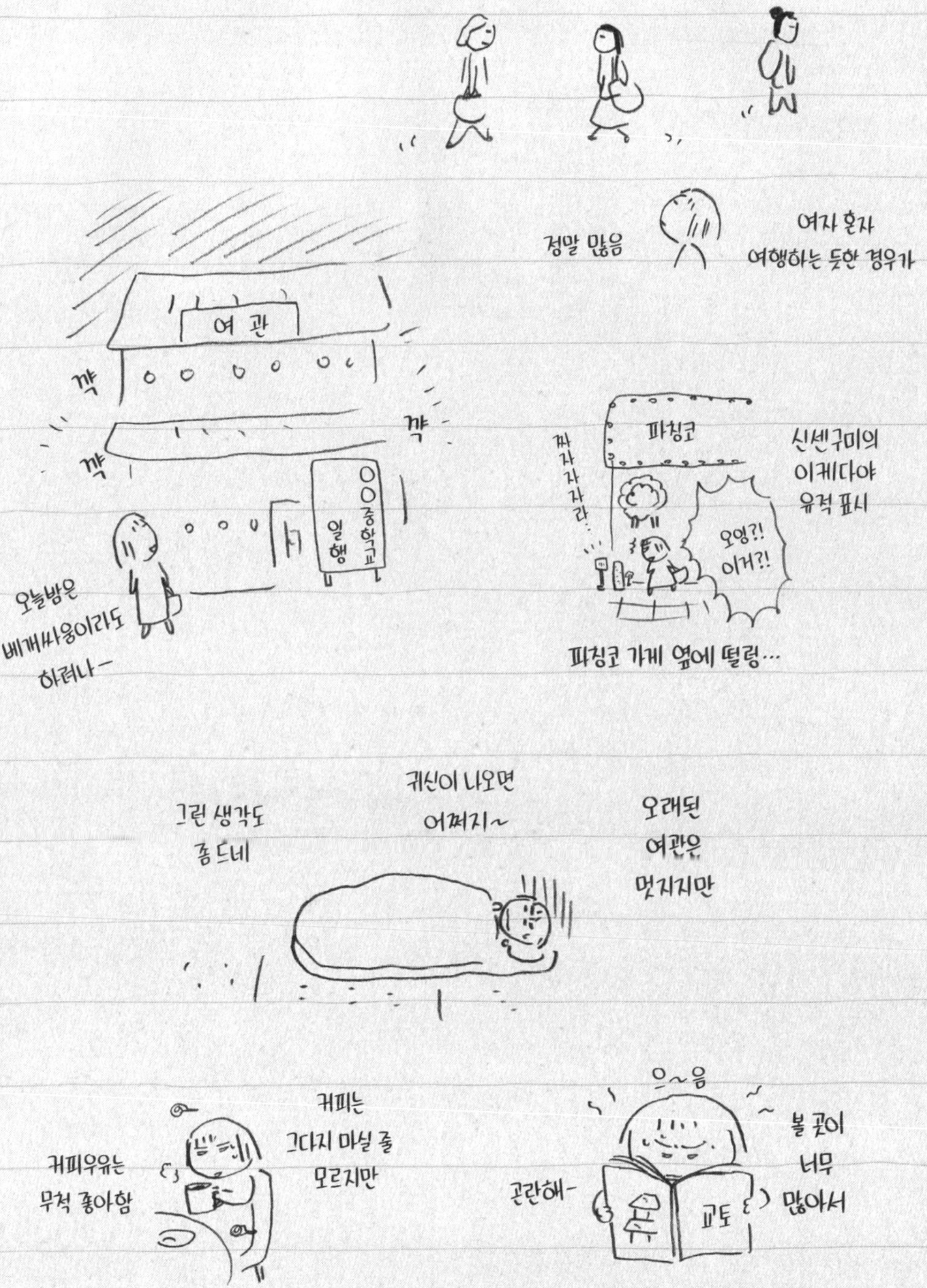

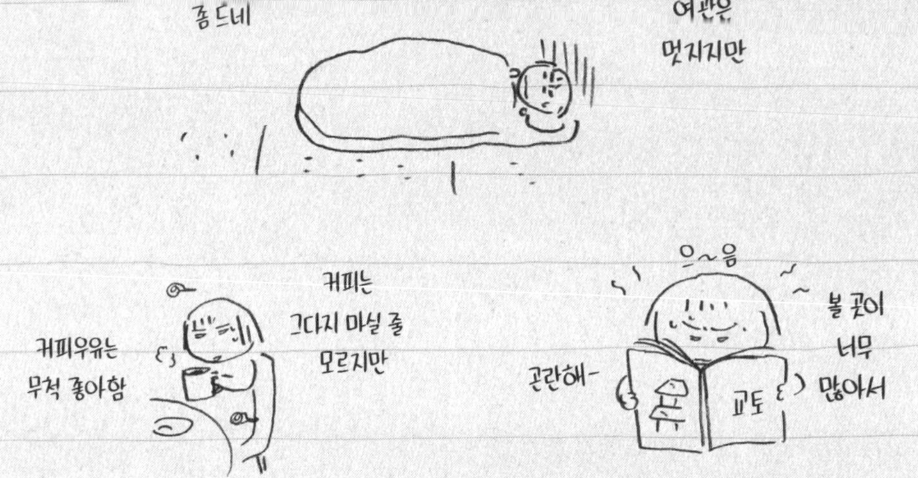
정말 많음

여자 혼자
여행하는 듯한 경우가

여 관

○○중학교
일행

깍
깍
깍
깍

오늘밤은
베개싸움이라도
하려나―

파칭코

짜
자
자
라…

오엥?!
이거?!

신센구미의
이케다야
유적 표시

파칭코 가게 옆에 떨렁…

귀신이 나오면
어쩌지~

그런 생각도
좀 드네

오래된
여관은
멋지지만

커피우유는
무척 좋아함

커피는
그다지 마실 줄
모르지만

으~음

곤란해―

교토

볼 곳이
너무
많아서

누구신가요?
나오코입니다―.

고사리 떡집의
설탕 통.
귀여워라―.

'교토는 덥다'는 소문은 들었지만, 진짜로 더웠어요. 그리고 볼 곳이 많아서 우유부단한 저는 어딜 가야 할지 고민돼서 힘들었어요. 분명히 한 번에 잔뜩 돌아다니는 것보다 조금씩 여러 번 방문하는 게 어울리는 곳인 것 같아요.

이번엔 '어른스럽게, 여자답게' 기합을 너무 넣어서 저녁식사도 실패했죠. 다음에 갈 때는 너무 힘주지 말고 조금 더 느긋하게 교토 관광을 해야겠어요. 단풍이 드는 계절에도 가 보고 싶어요(관광객이 많을 것 같기는 하지만요). 교토에선 혼자서 여행하는 여자들이 무척 많았기 때문에 그 점에선 여행하기 쉬웠어요.

훌쩍 떠난

고향 여행

미에 편

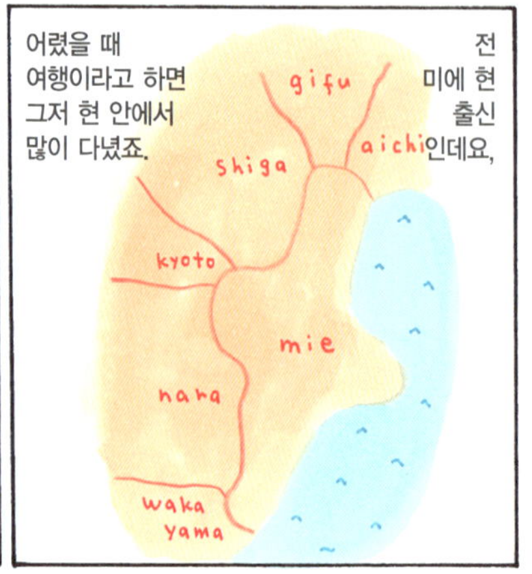

전 미에 현 출신인데요,
어렸을 때 여행이라고 하면 그저 현 안에서 많이 다녔죠.
gifu
shiga
aichi
kyoto
mie
nara
waka yama

아빠가 운전하시는 차를 타고
싸고 가깝고 마음 편한 근교 여행.
3남매
까
까
까
한 대에 다섯 명이 탄 그림

여러 장소에 데려가신 것 같은데…
이세
시마
토바
마쓰자카
까하하

아무래도 어렸을 때라 기억은 날똥말똥.
이세신궁 이라는 게 어떤 곳이었지?
뭔가 닮이 있었던 것 같고…

그래서 결정!!
알고 있는 것 같기도 한데 모르는
우리 동네 나 홀로 여행
…을 가자~!!

그렇게 해서 본가에서 가장 가까운 역에서 전철을 타고…
덜컹

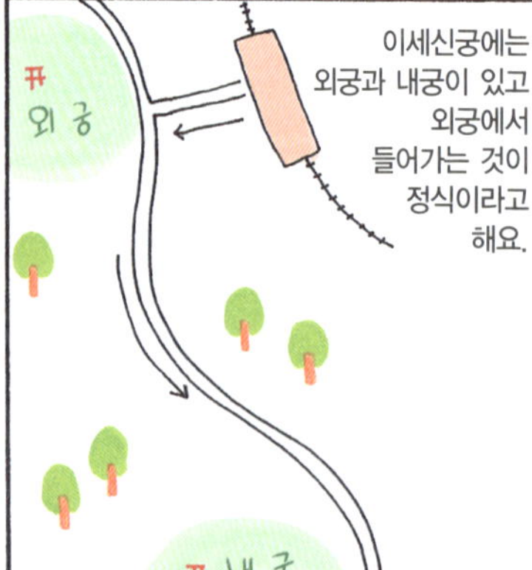

이세시 역에서 내려서 먼저 이세신궁으로 갔어요.
이세신궁에는 외궁과 내궁이 있고 외궁에서 들어가는 것이 정식이라고 해요.
어서오세요 이세입니다
外 외궁
外 내궁

*아카후쿠: 말랑말랑한 떡 위에 팥 앙금이 얹힌 이세 특산 떡

비
아카후쿠 빙수 하나요!
아카후쿠 빙수
500엔
두ㄹ
두ㄹ

오하라이쵸에 아카후쿠 본점이 있음
이번에 그 아카후쿠 빙수를 먹는 것이 여행의 목적 중 하나였어요.
창업 1707년 아카후쿠
에헤헤...
있다 있어

어렸을 때 이걸 먹었더니 강렬하게 맛있었던 기억이 있는데….
맛있어…
가족 모두가 대감동

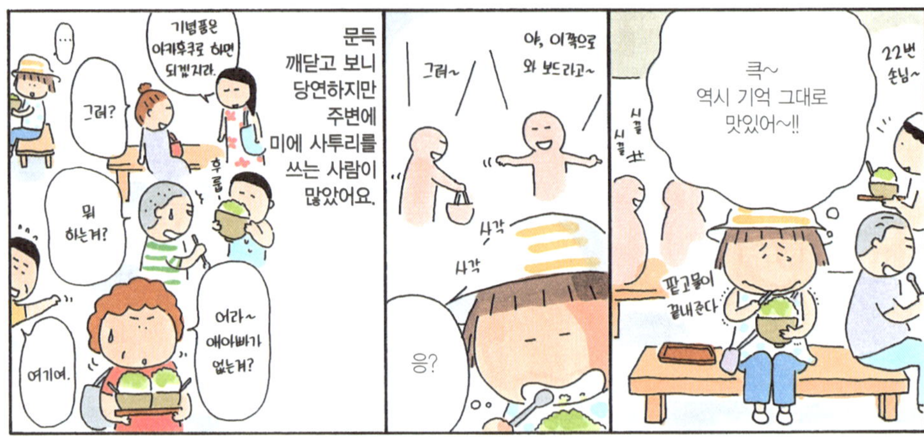

기념품은 아카후쿠로 하면 되겠지라.
…
그려?
뭐 하는겨?
여기여.
후룹…
어라~ 애아빠가 없는겨?
문득 깨닫고 보니 당연하지만 주변에 미에 사투리를 쓰는 사람이 많았어요.
그려~
야, 이쪽으로 와 보드라고~
사각
사각
응?
22번 손님~
크~ 역시 기억 그대로 맛있어~!!
시ㄲ 시ㄲ
팥고물이 끝내준다

후우~ 아카후쿠 빙수를 방금 먹었지만 이제 슬슬 점심도 먹어야쥬~?
그래서 지금부터는 미에 사투리 버전으로 보내 드리겠습니다.

…하고 살짝 감동.
그래, 여기에선 난 네이티브야!!
태어난 곳도 자란 곳도 미에

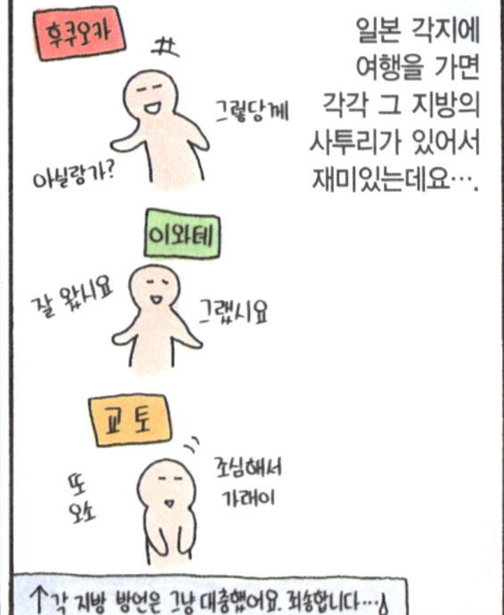

일본 각지에 여행을 가면 각각 그 지방의 사투리가 있어서 재미있는데요….
후쿠오카
그렇당께
아닐랑가?
이와테
잘 왔니요
그랬시요
교토
조심해서 가래이
또 오소
↑각 지방 방언은 그냥 대충했어요. 죄송합니다…

꼬꼬오 꼬~
아악~
경내에 들어가니 이곳에도 닭이 많아요.
무서워하는 애들

바로 내궁으로.
아~ 이 광경은 어째 본 적이 있구마~.

점심으로 또 이세 명물인 이세 우동을 먹고…
두툼한 면에 매콤달콤한 양념장을 얹었음

내궁 정궁을 참배했죠.
이곳도 외궁과 마찬가지로 20년에 한 번 다시 지어요.
맴~
맴~
맴~
후우~

먼저 강의 시냇물에서 손을 씻고 나서…
손 씻는 곳
차가워서 기분 좋아~
참방
참방

요샌 슬슬 '좋다~'는 생각이 들어요.
어쩐지 공기가 신선해….
마음이 맑아지는 것 같아.
맴~
맴~
후웅~
아는 척

생각해보면 어렸을 때에는 이런 신사 참배가 별로 즐겁지 않았는데요….
야!!
신사는 싫어~.
으~엥
나 갈래~.

1월 달력 사진으로 자주 등장함.
1月
철 썩
이 근처 바다에는 유명한 '부부 바위'가 있어요.

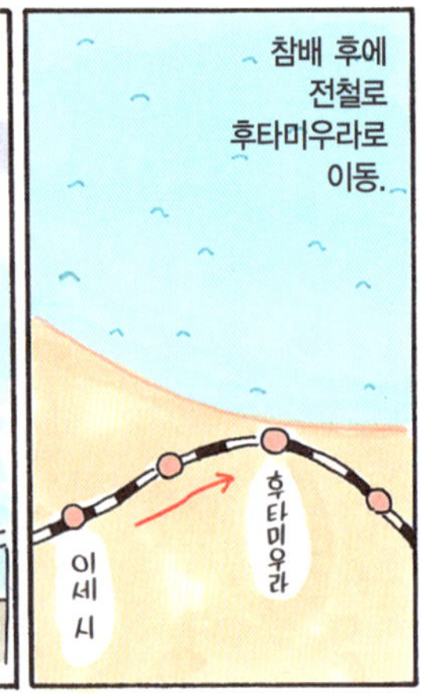

참배 후에 전철로 후타미우라로 이동.
이세시
후타미우라

하아
먼저 목욕탕에 가서 산뜻하게.
그리고 오늘은 이 근처 숙소에서 묵어요.
구경 온 사람들도 많음
사실 전 이 지방 사람이면서도 태어나서 처음 보는 거였죠.
어째 생각보다 작구마…

마쓰자카 소고기 허와
MENU
점심 여기서 먹을까~
시골
시골
가족 여행 도중에 마쓰자카 소고기 레스토랑에 들러서…
그런 고급 음식은 거의 먹어 본 적이 없어요.
허걱
아빠
마쓰자카 소고기 허와
너무나 비싸서 도망친 추억…
피융
그런 소리를 하는데요.
거기서 살면 집에서 평소에도 먹고 그래~?
좋겠다~
미에현이라면 마쓰자카 소고기지~
그런데 도쿄에서 '미에 출신' 이라고 하면…

*비보관(秘寶館): 성(性)을 주제로 비밀스러운 보물들을 전시한다는 의미의 섹스 박물관을 말함

토바로 이동해서 귀여운 토바 수족관에 갔어요.
토바 수족관
무난한 코스라 죄송해요.
후후…
아무리 생각해도 여자 혼자서 갈 만한 곳이 아닌 것 같아 마음을 고쳐먹고,

생각은 했지만…
문득…
어른이 되기도 했고 줄곧 수수께끼였던 그곳에 가 보는 것도 괜찮지 않을까?
지금도 이세 근처에서 살짝 영업중
비
보
관
두근 두근

여름방학 이라서 아이들하고 같이 온 가족들로 가득함.
점심이 가까워지면서 사람이 너무 많아져서 철수.
으아악~

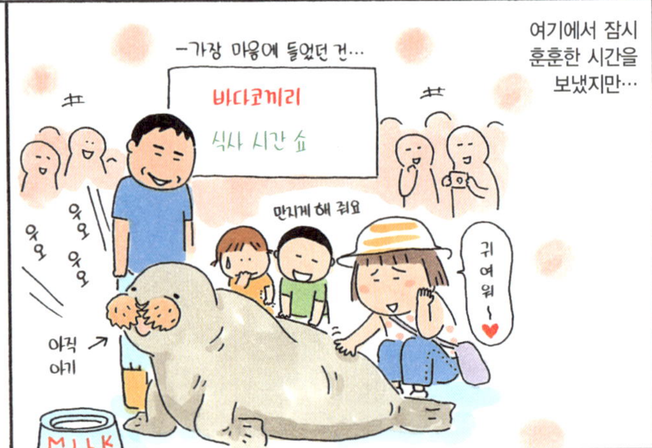

여기에서 잠시 훈훈한 시간을 보냈지만…
-가장 마음에 들었던 건…
바다코끼리 식사 시간 쇼
만지게 해 줘요
귀여워~ ♥
우오 우오 우오
아직 아기
MILK

해녀 쇼?
전혀 기억에 없어요.
???
글쎄…

하하하
진주섬 갔잖여.
해녀 쇼 봤지?
어째 옛날에 간 적이 있는 것 같은데….

그 후에 바로 근처에 있는 미키모토 진주섬에 갔어요.
섬이지만 다리로 건널 수 있음
미키모토 진주섬
진주의 명산이라고 하면…
양식 진주

진주 796개 사용
진주 공예품
특일등급이 생기는 확률
양식진주로 만드는 방법 설명
조개가 열려 있는 사이에 진주의 씨가 되는 핵을 심는다.
…
여긴 세계에서 처음으로 진주 양식에 성공한 섬으로, 지금은 진주에 대한 여러 가지 지식을 배울 수 있는 관광시설이 되었어요.
진짜 없네…
짝
밑으로 내려갈수록 2등급
해녀 실연 쇼
짝
짝 짝
아주 조금
화이트
블랙
핑크
골드
블루
진주 종류

이렇게 해서 저는 보는 눈이 없다고 판명되었어요.
덜컹
정답
Ⓐ 진품
Ⓑ 위조품
추욱

음~~~~
B…인가?
말똥—

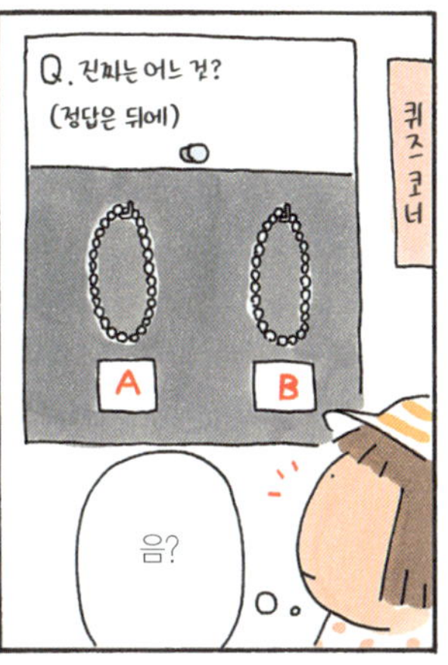
퀴즈 코너
Q. 진짜는 어느 것?
(정답은 뒤에)
A
B
음?

책 샀음
진주 왕 이야기
하지만 여긴 무척 재미있었어요.
쫄아서 못 샀어요.
아… 안 돼야, 느무 번쩍거려야!!
우히히!
하지만 평상시에 액세서리를 거의 안 하는지라…
어서 오세요~
나도 성인 여성으로서 이런 데서 진주 하나 사 볼까?
시설 안에는 진주 제품을 살 수 있는 숍도 있어요.
우동 집 아들 미키모토 코키치가 진주 왕이 되기까지의 이야기를 엮은 책.

옛날 생각이
나기도 하고
신선하기도 해서
야릇한
기분이었어요.

문어
전복스테이크
구운 소라
이세새우

맛있어~
오물 오물 오물
오물

옛날에
온 적이
있었던 곳에
어른이 되어
다시 혼자
온다는 게

향토요리
테코네 초밥
간장에 담근 가츠오 같은
회가 얹혀 있음
맥주

그러고 나서
토바 역 근처
식당에서
늦은 점심을
먹었죠.

건어물
해초
새우 생라과
소라

그 후에
기념품 상점을
어슬렁어슬렁.

어허?

생각해보면
부모님도 무척
열심히 여러 장소에
데리고 다녀
주셨구나 하는
생각도 들고요.

꺅
꺅

아이를
셋씩이나 데리고
다니는 건
힘들었을 텐디…

어렸을 땐
맥주를 마신다는
즐거움도
몰랐고 말야~.

명게회
만두

꿀꺽
꿀꺽

기념품

진주 가게

어서 오세요~

그래서
아무래도
뭔가 진주를
사야겠다고
마음을
고쳐먹고…

사 줘~
사 줘~
으앙~

흑
흑
흑

사과
달려
없음

후후후…
이런 걸 사달라고
졸라서 받은 적이
있었지~.

러블리 목걸이

장난감
진주

500엔

우왓, 이거
옛날 생각 나~!

덜컹 덜컹
돌아가는 길에 올랐죠.
우리 동네 여행은 집에 돌아가는 것도 가까워서 좋구먼~.
싸고 가까워서 마음이 편해!!

그리고 오늘은 본가로 돌아가기 때문에 부모님 드릴 기념품을 사고,
역시 이에
이세 명물 평판 좋은 아기 후쿠
아기우쿠

진주 목걸이를 사 봤습니다.
그렇다곤 해도 '담수 진주'라 부담 없는 것.
2,600엔
싼 거라 죄송해요….

마침내 전철 운행이 중지 됐어요.
우르르릉…
번쩍
허걱~
낙뢰 때문에 신호가 고장났대요.
조금 지나자 비가 더 심해지고…
으아아~ 전철을 타자마자 비가 억수로 내리네….
안 맞아서 다행이다.
그런데 그런 동네 여행에도 생각하지 못했던 함정이….

튀김 남았는데 먹을래?
엄청 늦었구나~.
으아~ 겨우 돌아왔네~.
가장 가까운 역까지 마중을 나와 주셨음.
헤롱
헤롱
결국 집에 도착한 것은 예정보다도 훨씬 늦어진 밤 10시였어요.
이럴 때 기다려 주는 사람이 있다는 건 역시 좋네요~.
아기우쿠

훌쩍… 비는 벌써 그쳤는데~.
빨리 집에 가고 싶어~
그대로 4시간이나 오도 가도 못하고…

*새전함: 참배할 때 돈을 넣는 함.

해달
어쩐지
우리 집 개랑
닮았어
꼬맹이
파
바다코끼리 코로 하모니카 불기
뿌웅
바다코끼리가
이렇게
귀여울 줄은…
무척 좋아하심
엄마
아빠
둘이서
다 드심
8개 들이
기념품으로 산
아카후쿠
못 먹음
치익-
생선복 구이도
동병하고
있음
여러 가지 맛있는 걸
먹었지만
엄마의 튀김도
상당히 맛있다…
된장국도
맛있구마-
으
ㅡ음
…
사실 지금은
잠수복을 입고
있다고 함
해녀는
내 취향으로 맛을 냈어…

미에 정리

바다코끼리 팬클럽에
들고 싶다.

여름에 본가에 돌아가는 김에 떠난 미에 현 나홀로 여행.

도쿄에서 누가 미에 현에 대해 물어봐도 모르는 게 많아서 "어어…." 이러고 말았기 때문에, 우리 고장을 안다는 의미에서 여러 가지로 공부가 되어서 좋았어요. 다시 가 보니까 "우리 고장도 좋은 곳이구나." 라는 긍지도 느끼게 되고, 어릴 적 생각에 젖어 보기도 하고요.

전체적으로 헐렁하고 편한 여행이었지만, 모처럼 도쿄에서 돌아온 딸이 혼자 여행을 간다고 하니까 부모님은 좀 서운하셨을 것 같기도 해요.

이세신궁에 많이
있는 닭.
지붕 위에 올라가진
않아요.

나홀로
여행 중에
사진을
자주
찍지만…

디카

계가
나온
건은

거의
없어요.

좋아,
이쯤이면
되나?

가끔씩
셀프타이머로
나를
찍기도
하지만

텔레비전

삐
빅

이히~

왠지
조금
쑥스러워서…

일부러
바보 같은
포즈를
취하게
되죠.

📷 여행의 추억
사진관

🐚 오오사와 온천

🐚 오오사와 온천

두 ── 둥

☝ 이와테 은행 나카노하시 지점

🐚 기요미즈데라

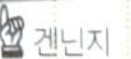 겐닌지

나카스
번화가네~.
안 피웠어…
다자이후 비매
아카후쿠 본점
부부예요♡
후타미우라 부부 바위
아카후쿠 줘~.
역사가 느껴져요
맹~
맹~
…
이세신궁
유명인도 묵었던 방
이나카테이

우쓰노미야
여행에서 발견한
맛있는 것들
막 먹으려다가… 아차, 사진!
우왕
가마쿠라
미에
심플한 맛
하카타
교토
포장마차의 맛
주루룩
깔끔
노릇노릇
꿀꺽
하카타
하카타
136

오키나와
오리온
맥주
LOVE♡
오키나와
오키나와
쪼끔···
미에
여행의 추억
사진관
만보기
세 번
했어요.
교토
녹을 듯이
부드러워···
교토
팥앙금이지~
이상적인 아침 식사의 그림
미예

여행에서 발견한
신기한 것들

편지
기다려~요

링
링 ~ .

미
에

왈왈!!

카
오
ㅡ
!

나가노 젠코지

모리오카

미
에

오키나와

눈 내리는
고장이구나~.

여행의 추억
사진관

모리오카

토끼 인형이에요~.
후쿠오카
캥거루야 ♡
가마쿠라
무…
무거워…
닛코
아카후쿠의
아카돌이에요.
미에
벗은
허물
오키나와
우후후….
왜
곰이지?
오싹하면서
귀여운 엽서
미에
후쿠오카

이런 느낌들로 1년 동안 여러 장소에 나홀로 여행을 가 봤습니다. 처음엔 혼자서 뭔가를 타거나 숙소에 묵는 것만으로도 두근거렸지만 나중엔 많이 익숙해졌어요. 다른 사람들이 제가 혼자라 쓸쓸할 거라고 생각할까 봐 여전히 신경 쓰이지만, 그런 것조차 신경 쓰지 않아도 되는 관광장소나 가게를 선택하는 요령을 점점 터득하게 되었고, 어느 정도는 '혼자가 뭐 어때?' 하고 태도를 바꿀 수 있게 되었어요.

그리고 무엇보다도 잘 알게 된 것은 제 자신의 성격이에요. 전 우유부단하고 그다지 제 의견을 말하지 못하기 때문에 몇 명이서 여행을 하면 늘 "어느 쪽이든 상관없어~."라든가 "아무거나 좋아~." "네 맘대로 해~." 등등, 남한테 맡겨버리는 버릇 같은 게 있었어요. 하지만 혼자가 되니까 전부 제가 결정해야 했어요. 그래서 나름대로 잘 생각하고 그 다음 저의 행동을 잘 보니, 점점 제 자신의 취향이라든지 행동 패턴 같은 것이 보이더라고요.

나홀로 여행을 시작한 무렵엔 도전 정신 비슷한 기분이었지만, 점점 자신의 성격과 취향을 알게 되니까 여행의 계획을 짤 때에도 '난 의외로 이런 걸 좋아하는구나~.'라든가 '이런 곳은 가도 피곤하기만 할 뿐이니까 가지 말자.' 라든지, '가끔씩은 마음먹고 이런 경험도 해보자.' 등등, '스스로 여행사' 같은 심정이 되더라고요. 이런 식으로 여행 계획을 짜는 건 무척 즐거운 작업이었어요.

나홀로 여행을 즐기는 방법은 사람마다 각각 다를 것이고, 저 역시 더욱 나홀로 여행에 익숙해지면 해보고 싶은 여행에 대한 야망이 있어요. 현지 사람들과 더욱 사이가 좋아졌으면 좋겠고, 더욱 럭셔리한 호텔에 묵으면서 그냥 멍~하게 지내보는 것도 좋겠다는 생각도 하고요.

하지만 낯가리는 성격은 좀처럼 고쳐지지 않고 혼자서 좋은 호텔에 묵는 것도 쫄아서 못하지만요, 언젠가는 그런 여행도 할 수 있을 거라 생각하면서 앞으로도 슬렁슬렁 나홀로 여행을 계속할 수 있으면 좋겠어요.

마지막으로 저의 이런 엉터리 나홀로 여행기를 읽어 주신 여러분, 여행지에서 신세를 졌던 분들, 정말로 감사드립니다.

다카기 나오코

깍
깍
깍
깍
떨렁~
...
나 홀로
여행을
하다가
조금
소심해
졌을 때,

아!
아하하
ㅍ
깍
깍
가이드북
마찬가지로
혼자
여행을 하는
여자를
발견하면…

에헤헤…
동지다
동지야~
캬오~
조금
기쁘다.

그렇게
생각해
주면
좋겠어.
저 사람도
혼자
여행하는구나…
저쪽도
후후

?
?
?
어디가
어디거…?

나홀로 여행 1

| 펴낸날 | 초판 1쇄 2014년 8월 1일 |
| | 초판 3쇄 2015년 12월 1일 |

지은이	다카기 나오코
옮긴이	윤지은
펴낸이	심만수
펴낸곳	(주)살림출판사
출판등록	1989년 11월 1일 제9-210호

주소	경기도 파주시 광인사길 30
전화	031-955-1350 팩스 031-624-1356
홈페이지	http://www.sallimbooks.com
이메일	book@sallimbooks.com

| ISBN | 978-89-522-2887-1 17980 |

※ 값은 뒤표지에 있습니다.
※ 잘못 만들어진 책은 구입하신 서점에서 바꾸어 드립니다.

이 도서의 국립중앙도서관 출판시도서목록(CIP)은 서지정보유통지원시스템 홈페이지
(http://seoji.nl.go.kr)와 국가자료공동목록시스템(http://www.nl.go.kr/kolisnet)에서
이용하실 수 있습니다.(CIP제어번호: CIP2014017670)